아이의 마음을
이해하고 싶은
당신에게

나의 감정을 조절하고
아이와 연결되는
최강의 자녀 양육법

아이의 마음을
이해하고 싶은
당신에게

마리 젠틀스 지음 │ 방수연 옮김

알레

가족에게, 특히 날마다 저를 도와주는 남동생 대런에게
이 책을 바치고 싶습니다. 넌 내가 혼자가 아니라는 걸,
가장 어두운 곳에도 빛은 늘 비치리라는 걸 떠올리게 해.

Part2
지속가능한 지도법

▼

Part3
아이의 행동 지원을 강화하는 행동 전략들

▼

어린이는 백지와 같아서
어떠한 인간으로든지 만들 수 있다.

– 존 로크

아이의 행동은
욕구를 소통하는 수단이다

이 책은 아이들에 관한 이야기만이 아닙니다. 놀라실지도 모르겠지만, 사실 이 책은 당신에 관한 책입니다.

아이들은 우리가 아이들을 가르치는 만큼이나 우리 자신에 관해 가르쳐줍니다. 이 점을 이해하지 못하면 행동 지원은 도저히 넘을 수 없는 까마득한 산처럼 느껴질 수 있습니다. '행동 지원behaviour support'이란 아이들이 삶에 방해되는 행동을 이해하고 관리할 수 있도록 돕고 긍정적인 방향으로 나아가게 하는 행동을 강조해서 아이들이 배우고 성장하며 궁극적으로 행복해질 수 있게 지원하는 것을 말합니다. 당신은 아이의 삶에서 중요한 사람입니다. 어쩌면 당신이 생각하는 것보다 더 중요할지도 모릅니다. 이 책은 당신이 아이(그리고 사실 나이와 관계없이 당신과 가까운 모든 사람)와 맺고 있는 관계를 어떻게 강화할 수 있는지, 그 과정에서 아이가 인생의 장애물을 극복하는 데 도움이 되는 정서적 유대감을 형성하는 방법에 대해 다루고 있습니다. 그리고 이것은 모두 당신에게서부터 시작합니다. 당신의 안녕감, 당신의 회복력, 당신의 충족감에서 말입니다.

사람이 살아 있다는 것을 보여주는 지표인 체온, 맥박, 호흡, 혈압을 가리켜 활력징후라고 합니다. 저는 아이의 행동을 다섯 번째 활력징후라고 생각합니다. 행동을 보면 아이의 전반적인 안녕감을 이해할 수 있습니다. 세상에서 자신의 자리를 어떻게 인식하는지, 하루하루를 어떻게 보내는지, 삶이 주는 기쁨을 어떻게 누리고 실망에는 또 어떻게 대처하는지 엿볼 수 있습니다. 행동은 아이가 감정과 욕구를 소통하는 수단입니다. 행동은 아이가 가족과 또래, 선생님과 어울리는 방식(그리고 이들에게 대우받는 방식)을 비롯해 아이 삶의 모든 면에 영향을 줍니다. 아이가 어린 시절에 어떻게 행동하는지는 나중에 어떤 어른이 되어 어떤 관계를 맺고 어떤 일을 하며 어떤 삶을 살게 될지에 좋든 나쁘든 영향을 미칠 것입니다.

부모나 양육자, 또는 교사로서 아이들이 삶에서 어떤 일이 닥쳐도 대처할 수 있게 준비시키고 싶은 것은 당연합니다. 이 책은 그런 당신에게 유용한 지침서가 돼줄 것입니다. 이 책에서 저는 아이들이 나이를 먹어도 건강한 행동을 할 수 있도록 일찍부터 기반을 닦는 방법을 알려드릴 것입니다. 급한 불을 껐는데 또 폭발이 일어날 듯한 위기 상황에 이미 이르렀다고 느낀다면, 아이의 행동을 해독하고 재정비하는 데 도움이 되는 도구를 쥐어드릴 것입니다. 걱정하지 마세요, 늦은 때란 절대 없습니다.

우리 대부분 아이를 양육하거나 지원하는 일에는 설명서가 따로 없다는 말에 익숙하지만, 시중에는 행동에 관한 책이 정말 많습니다. 이런 상투적인 말이 왜 널리 퍼져 있을까요? 제 추측으로는 아이들이 정해진 길을 따르지 않으며 저마다 다른 고유한 존재들이라 그런 것 같습니다. 이것은 아주 멋지고 기뻐할 만한 일입니다. 하지만 저는 아이들이 모두 공통적으로 가지고 있는 것이 있다고 생각합니다. 정서적으로 안전하다고 느낄 권리, 그리고 세상을 궁극적으로 안전한 곳으로 인식하고 자신을 중요하고 의미 있는 존재로 여기며 세상에 기여할 수 있다는 사실에 활력을 느끼고 신나 할 권리입니다.

행동을 이해하는 일은 마치 지뢰밭과 같아서 탐색하기도 파악하기도 어려울 수 있습니다(저는 이것을 행동 안개behaviour fog라고 부릅니다). 아이가 기저 진단 또는 진단되지 않은 의학적 필요와 나이로 인해, 또는 단지 아이이기 때문에 특정 방식으로 행동하고 있는지 때때로

불분명할 수 있습니다. 이 책에서는 아이가 하는 행동의 이유를 안다고 생각하든 확신하지 못하든 관계없이 아이를 지원하는 방법을 배우게 될 것입니다. 이런 행동은 흔한 말썽에서 더 심각한 형태까지 다양한 모습으로 나타날 수 있으나, 모두 하나의 공통된 맥락, 즉 정서적 안전감을 느끼려는 욕구에서 기인합니다. 아이가 안정감을 느끼고 누군가 진정으로 자기 말을 들어준다고 느끼면 행동은 변화합니다.

행동은 선형적으로 발전하지 않습니다. 아이들이 자연히 한계를 시험하리라는 것은 예상할 수 있는 일입니다. 자신이 무엇을 원하는지 알려면 먼저 무엇을 원하지 않는지 깨달을 필요가 있으니까요. 이 여정에는 어려움이 따르기 마련입니다. 아이들은 (또 우리는) 이런 과정을 거치며 배우고 성장합니다. 이 점을 상기하는 것만으로도 개입을 고려할 때 부담감이 다소 줄어들 수 있습니다. 아이를 지원하다 보면 어느 정도 시행착오를 겪을 수도 있습니다. 이것은 인생에 모순이 좀 있어도 모든 일을 '제대로' 하지 못해도 괜찮지만, 자신이 될 수 있는 최고의 사람이 되어야 하며 성장에는 끝이 없다는 사실에 열려 있어야 한다는 메시지를 행동으로 전하는 것이기도 합니다. 아이에게 행동을 모델링modelling하는 것은 특히 효과적입니다. 내가 요구하는 것이 무엇인지 실제로 보여주면 아이는 사람마다 다를 수 있는 추상적 해석에만 의존하지 않고 어떤 행동을 해야 하는지 분명하게 볼 수 있기 때문입니다.

이 책이 당신에게 집중하고 있는 데는 다 의도가 있습니다. 당신은 아이를 통제할 수는 없지만 아이에게 보이는 대응은 통제할 수 있으며, 결과적으로 아이에게 더 큰 영향을 미칠 수 있습니다. 제 방법론은 아이들이 저마다 가지고 있는 잠재력을 일깨우는 것에 초점을 두고 있습니다. '아이 대신 해주는 것'이 아니라 아이의 의식과 내면의 안내 체계를 깨워서 아이가 주변 어른들의 지원을 받더라도 스스로 할 수 있게 해주는 것입니다. 저는 아이들 주변의 어른들이 자기 자신을 의식적으로 자각해서 아이들에게 원하는 것이 무엇인지 삶 속에서 구현하고 그 가치에 따라 살며 행동과 존재를 통해 가르침과 영감을 주어야 한다고 당부하고 싶습니다.

정서적 안전감 키우기

정서적 안전감emotional safety은 전혀 새로운 개념이 아니며 양육에만 국한되지도 않습니다. 누구든 제 진짜 모습으로 마음 편히 살아갈 수 있으려면 배우자나 연인, 친구, 가족, 동료 등과 맺는 관계에서 정서적 안전감을 느껴야 합니다. 이런 안전감이 없으면 마음 놓고 자신을 솔직히 드러내거나, 결점을 내보이거나, 실수를 인정하고 교훈으로 삼기 어렵습니다. 내가 느끼는 감정을 이야기할 수 없을 때 내 안의 감정은 분노와 좌절감, 슬픔으로 바뀌곤 합니다. 그리고 이런 감정은 행동으로 발현됩니다(나이가 여섯 살이든 예순 살이든 마찬가지입니다). 이 책은 감정이 부정적 행동이나 투쟁-도피 반응으로 발전하기 전에 공감받을 수 있도록 소통의 창구를 열어두는 방법을 이야기하고 있습니다.

정서적 안전감을 키우는 것은 제 접근법의 중심 원리 중 하나이자 제 전략들이 효과가 있는 이유입니다. 다양한 상황에 있는 아동과 청소년을 '정서적으로' 지원하기 때문입니다. 아이들은 (우리 모두 그렇듯) 누군가 자기 말을 들어주고 있다는 느낌을 받고 싶어 합니다. 아이들은 유대감과 안정감을 본능적으로 추구하는데, 이 욕구가 충족되고 있지 않다고 느끼면 근원적 불안이 생기고 이것이 행동으로 나타납니다. 마음의 문을 닫거나, 반항하거나, 공격적이거나 폭력적인 행동을 보이는 아이가 있는가 하면 주변 사람들, 특히 어른들을 기쁘게 하려고 순응하려는 욕구처럼 덜 '분명한' 양상을 보이는 아이도 있습니다.

아이들이 제 감정을 모두 표현해도 비난받을 일은 없다고 느낄 수 있도록 안전한 분위기를 조성해주는 것은 일부 사람들이 쓰는 진부한 표현처럼 '응석을 다 받아주는' 것도 '화를 자초하는' 것도 아닙니다. 사람은 (나이와 관계없이) 정서적으로 안전하다고 느낄 때 내면을 조절하고 행동을 수정하는 일을 더 잘 해낼 수 있습니다. 저는 당신이 아이의 욕구를 알아보고 채워주는 방법을 익혀서 아이뿐만 아니라 아이 못지않게 중요한 당신 또한 더 행복해질 수 있게 도울 것입니다. 당신은 일상에서 평온과 유대감을 더 느끼게 될 것이며, 아이는 단단한 안전감을 토대로 잘 자라나게 될 것입니다.

바쁜 부모와 양육자, 이미 중압감을 느끼고 있는 교사로서는 이런 이야기가 너무 벅차게 느껴질 수도 있습니다. 막다른 골목에 다다른 느낌을 받고 있다면 더욱 그렇겠지요. 저도 행동 전문가이자 교사, 엄마로서 겪었던 일이라 이해합니다. 그래서 수년간 현장에서 얻은 성공적인 경험으로 검증된 부드러운 지도법을 책으로 쓰게 된 것입니다. 아이를 돌보며 겪는 숱한 상황에 매번 제대로 대처한다는 것은 불가능하지만(저를 믿으세요, '제대로'란 없습니다), 이 책을 읽으면 다음의 내용을 배우실 수 있을 것입니다.

- **정서적 안전감**을 강화하거나 회복하기
- **아이의 관점을 이해한다는 것**을 보여주기
- 아이가 누군가 진정으로 들어주고 있다고 느낄 수 있도록 **부정적 감정을 포용하기**
- (실제로는 전혀 그렇지 않을 때) **마음의 평정을 유지하기**
- 아이가 자기애, 친절, 회복력과 같은 가치를 배울 수 있도록 행동으로 모델링

하기

- 아이와 다툰 뒤 **유대감을 다시 쌓고** 앞으로 나아가기
- 이런 유형의 부드러운 지도법을 **존재 방식으로** 채택하기
- **한 발짝 떨어지면** 상황이 보이는 것만큼 나쁘지 않다는 것을 깨닫기

현장 검증을 통해 만든 핵심 전략들

저는 인간 행동에 늘 흥미를 느꼈습니다. 런던 동부에서 끈끈한 대가족 틈에서 자란 저는 형제자매와 사촌뿐 아니라 친구들과 주변 어른들의 행동을 주의 깊게 관찰하곤 했습니다. 제각기 다른 성격과 역할, 다양한 가족 구성원들이 만드는 역학 관계에 주목했습니다.

시간이 흘러 (20대 초에 아이를 키우며) 교원 자격을 취득했을 때 인간 행동을 연구하는 즐거움은 더욱 커졌습니다. 저는 일반 학교에서 교직 생활을 시작했고, 다른 교사들이 '못됐다고' 여기는 아이들을 제 학급에 배정받을 때가 많았습니다. 저는 이 아이들이 제 수업을 들을 때는 분위기를 전혀 해치지 않고 주어진 과제를 차분히 마치는 모습을 보며 호기심이 일었습니다. 제가 정확히 무엇을 하고 있길래 이 아이들이 제 교실에서는 차분해지는 것인지 다시 한번 의식적으로 주목하기 시작했지요. 여기서 중요하게 짚고 갈 점은 그렇다고 해

서 제가 다른 선생님들이나 부모님들을 '탓하거나 부끄럽게 만든'(책 전반에 걸쳐 계속 언급할 개념입니다) 적이나 이분들이 무언가 '잘못'하고 있다고 생각한 적은 없다는 것입니다. 오히려 반대로 제가 보기에는 정말 긍정적인 방법을 쓰고 있는데 효과가 일관되게 나타나지 않는 것 같아 흥미로웠습니다. 그리고 그 이유를 이해하고 싶었습니다.

일반 학교에서 근무한 지 8년쯤 됐을 때 저는 일반 학교에 다닐 수 없는 아이들을 위한 공립 대안 학교인 PRUPupil Referral Unit의 채용 공고를 우연히 보게 됐습니다. 아이들이 PRU에 다니는 이유는 다양하지만, 일반적으로는 정서 지원이나 행동 지원이 추가로 필요하다는 이유로 일반 학교에서 퇴학 처분을 받았거나 받을 위험에 놓였기 때문인 경우가 많습니다. 당시 저는 PRU의 존재조차 들어본 적이 없었지만, 일반 학교에서 교사로 근무하며 정서나 행동 측면에서 어려움을 겪고 있는 아이들을 잘 지원했던 경험이 있으니 이 학생들에게도 긍정적인 도움을 줄 수 있으리라 믿었습니다.

첫 출근 날, 저는 아이들이 보이는 일부 과격한 행동에 충격을 받았고, 처음으로 제 능력을 의심했습니다. 제가 최근에 찾은 방법론들이 이곳에서 통할지 의문이 들었습니다. 대부분 자기 조절 능력이 현저히 떨어지는 듯했고, 제 감정을 다스리는 것을 어려워하고 분노를 터뜨리거나 하는 자기 파괴적 행동을 보이며 높은 불안을 자주 느끼는 이 아이들을 지원하는 데 도움이 되려면 어떻게 해야 할지 고민이 많았습니다. 책 후반부에서 자세히 살펴보겠지만, 당시 저는 나중에 제 접근법의 토대를 이루게 될 일부 주요 원칙, 즉 소통 수단으로서의 행동, 트라우마가 미치는 영향, 애착attachment 이론에 관해 많은 문헌을 읽은 상태였습니다. 제 방법론은 특수 교육 요구special educational needs, SEN가 있는 아이들, 특히 사회적, 정서적, 정신적 건강social, emotional and mental health, SEMH 측면에서 지원이 필요한 아이들에게도 효과가 있습니다. 이것이 제 전문 분야이기 때문입니다. 하지만 이런 아이들의 경우 여러 기관의 도움을 받을 필요가 (예외 없이) 항상 있습니다.

PRU에서 근무한 지 얼마 안 되어 교감이 됐을 때 제게는 이미 검증된 교육법들과 함께 제 방법론을 시험해볼 완벽한 기회가 주어졌습니다. 교육심리학자 마저리 복설이 사회적, 정서적, 정신적 건강 측면에서 지원이 추가로 필요한 아이들을 위해 개발한 양육 그룹 프로젝트Nurture Group Project의 전략 담당으로 임명된 것입니다. 양육 그룹은 아이의 언어와 행동을 소통 수단으로 보고, 자존감 발달과 전환transition의 중요성을 강조하며, 교실을 안전 기지로 만드는 일에 집중하는 교육적 개입 프로그램입니다. 2010년에 저는 런던 자치구 전역에 적용할 양육 그룹 모델을 수립했습니다. 이런 프로그램이 시행된 것은 전국을 통틀어 이때가 최초였습니다.

이 시기에 저는 특수교사이자 심리치료사인 루이즈 미셸 봄버와

영국의 심리학자이자 정신과 의사이며 정신분석가로서 진화론을 기반으로 유명한 애착(타인과 맺는 정서적 유대) 이론을 전개한 존 볼비 등 여러 교육 전문가의 방법론을 현장에 접목했습니다. 이후에는 정신분석 이론과 아동 발달, 행동주의 등 세 가지 이론적 개념을 결합한 모델로서 부모와 아동, 교사의 정신 건강과 안녕감을 지원하는 프로그램인 솔리헐 어프로치Solihull Approach의 교육을 수강하기도 했습니다.

저는 이 모든 전문가의 개념들에 공감했고, 이후 십 년 동안 제 방법론을 발전시켰습니다. 그 결과 양육 그룹은 다양한 요구가 있는 아이들을 매우 성공적으로 지원할 수 있었습니다. 어른들을 도와 아이들이 정서적 안전감을 키울 수 있게 지원하는 방식으로 매년 95~100퍼센트의 성공률을 보이며 아이들이 행복감을 느끼고 욕구를 충족할 수 있게 도왔습니다.

이후 저는 PRU의 교장이 됐고, 저와 함께한 아이들이 이뤄낸 괄목할 만한 성과를 보면서 더 많은 부모와 양육자, 교육계와 경찰 조직, 사회 복지 분야 종사자를 교육하고 지원하는 일을 돕기 위해 결국 교장직을 내려놓고 교육 및 컨설팅 조직을 설립했습니다. 이 책은 제가 그동안 개발한 핵심 전략들의 정수를 담고 있으므로 아이에게 성장에 필요한 정서적 안전감을 주는 데 도움이 될 것입니다.

이 책을 활용하는 법

제 접근법은 심리학과 증거 기반 조사 연구에서 얻은 지식, 교육 일선에서 쌓은 경험을 바탕으로 합니다. 저는 수년간 현장에서 일하며 무엇이 통하는지, 아이들이 자기 조절력과 안전감을 키우는 데 어떤 기법이 도움이 되는지 직접 확인했습니다. 저는 아동과 청소년을 모두 지도해왔고 제 방법론은 보편적인 심리학 이론에 뿌리를 두고 있으니, 이 기법들은 나이와 관계없이 모든 아이에게 적용해볼 수 있습니다(어른들에게도 자기 행동을 생각해볼 수 있는 계기가 되길 바랍니다!).

이 책의 각 장은 제 접근법의 핵심 원칙을 하나씩 집중해 다루며 앞 장의 정보를 기반으로 내용을 발전시켜나가고 있습니다. 1부에서는 내 아이와 관계의 역학을 더 잘 이해하는 데 도움이 되는 내용을 다룰 것입니다. 행동에 관한 인식을 살펴보고, '내'가 아이에게 모델링하고 있는 행동을 의식적으로 자각하고, 아이의 행동 이면의 감정을 해독하고(당사자인 아이 역시 잘 모른다고 해도 아이가 행동으로 무엇을 말하고 있는지 이해하고), 감정을 판단하지 않고 인정해주는 연습을 하다 보면 당신은 어느새 아이의 속마음을 바로 말로 옮길 수 있는 유능한 통역사가 되어 있을 것입니다. 아이의 어떤 욕구를 채워줘야 하는지 알아낼 수 있는 열쇠를 쥐게 되는 것이지요. 2부에서는 아이의 정서적 안정감emotional security을 키워주는 실질적인 전략들을 이어서 설명할 것입니다. 이해를 돕기 위해 제가 과거에 상담했던 아이들과 어른들의 이야기를 예시로 제시하고 연습 문제도 제공할 것입니다. 십 대 아이 둘을 키우는 엄마이자 전직 교장인 제 삶과 아이들을 지원하는 어른들을 교육하는 제 일에서 길어 올린 사례도 많이 등장할 예정입니다.

제 기법의 바탕이 되는 이론을 언급할 때도 간혹 있는데, 이것은 제가 아이들을 지원하는 어른들과 상담하면서 전략 이면의 '이유'를 이해하면 전략을 더 효과적으로 실행하는 데 장단기적으로 도움이 된다는 사실을 알게 됐기 때문입니다. 이런 이해가 있으면 아이에게 무슨 일이 일어나고 있는지 파악할 수 있으며, 공감 피로empathy fatigue를 느끼는 어른들을 지원할 때도 유용합니다(솔직히 말해 아이들은 우리를 미치도록 화나게 할 수 있습니다. 우리도 마찬가지이듯 말입니다!). 중요한 것은 이 개념들을 이해하고 나서 어떤 조언을 받아들일지 말지는 당신이 원하는 대로 선택할 수 있다는 것입니다. 제가 공유하는 이론과 방법론은 상호 보완적이며, 서로 교차하고 영향을 미치며 큰 그림을 보는 제 접근법의 토대를 마련합니다. 하지만 걱정하지 마세요, 이 책은 무겁고 두꺼운 교과서가 아니니까요. 당신이 이 책을 펼쳐 든 첫날부터 아이에게 긍정적인 영향을 줄 힘을 얻을 수 있도록 실질적인 도움을 드리는 것이 제게는 중요합니다.

자녀가 있거나 아이들과 함께 일하는 경우 짬이 많이 나지 않을 수 있다는 점을 고려해 각 장 끝에는 내용을 다시 상기해야 할 때 쉽게 찾아볼 수 있도록 참고하기 좋은 정보와 유용한 요약을 담았습니다. 저는 손쉬운 해법이 주는 오래 가지 못할 즉각적인 만족감보다 장기적인 변화를 조성하는 일이 매우 중요하다고 믿지만, 오늘 당장 실행할 수 있는 효과적인 전략들도 소개하고 있으니 시도해보신다면 변화의 과정을 시작할 수 있을 것입니다. 책에 나온 사례와 기법, 전략 중 일부는 부모님들에게, 일부는 선생님들이나 다른 조력자 역할을 하는 어른들에게 더 와닿을 수 있으니 어떤 것을 시도해보고 싶은지 적절히 결정하시기를 바랍니다(물론 모두 활용하셔도 좋습니다). 전략과 기법을 실행하려면 마음가짐이 먼저 갖춰져 있어야 하므로 책을 중간중간 훑어보는 대신 끝까지 쭉 읽어보시기를 권합니다.

책을 읽다 보면 특히 내 이야기처럼 느껴지고 내가 양육된 방식과 어린 시절의 가정환경이나 학교생활의 기억을 떠올리게 하는 대목이 있을 수 있습니다. 경험상 이런 주제들은 감정을 매우 자극할 수 있으므로 더 파고들어 보고 싶다면 책 뒷부분에 소개한 추가 자료를 나중에 더 읽어보시기를 바랍니다.

*

뉴스를 보면 '실패한' 학교니 '망가진' 가정이니 '잘못된' 육아니 하는 말이 많이 나오지만, 저는 당신의 아이를 만나보지 않고도 고쳐야 할 것은 아무것도 없다고 자신 있게 말씀드릴 수 있습니다. 망가진 것이 아무것도 없기 때문입니다. 어쨌거나 아이와 아이의 행동은 별개입니다. 이 책을 읽고 나서 행동에 관한 인식과 감정, 태도가 바뀌어 아이의 행동이 욕구를 소통하는 수단이라는 점을 더 명확히 볼 수 있기를 바랍니다. 그러면 아이와 안정 애착을 형성하고 유지하며 불안을 낮추고 스트레스를 줄일 수 있고, 아이가 부드러운 지도법을 통해 지원받으며 잘 자라나는 모습을 뿌듯하게 지켜볼 수 있을 것입니다.

추가 참고 사항

저는 책 전반에 걸쳐 '아동'과 '청소년'을 '아이'로 통용해 쓰고 있습니다. 교육 용어로 '아동'은 초등학생 이하를, '청소년'은 십 대를 보통 가리키는데, 이 지침서는 모든 연령대의 아이들을 위한 것이기 때문입니다. 편의상 '당신' 또는 '나'의 아이라고 지칭할 때가 많겠지만, 이 책은 아이를 돌보거나 아이의 인생에서 조력자 역할을 하는 모든 분을 대상으로 하니 제가 부모님들에게만 말씀드리는 것은 아니라는 점을 기억해주세요.

이 책 곳곳에는 제가 그동안 상담했던 어른들과 아이들의 실제 사례가 등장합니다. 익명성을 보장하기 위해 인물의 이름은 바꾸었습니다.

마리 젠틀스

프롤로그 아이의 행동은 욕구를 소통하는 수단이다

✦ ✦ ✦

아이가 다르게 생각하고 다르게 행동하기를 바란다면 우리도 그렇게 할 수 있어야 합니다. 문제에만 초점을 맞추면 어디서든 어떤 상황에서든 문제가 눈에 띄기 '마련'입니다. 관점을 바꿔서 아이가 바람직하지 않은 행동을 하는 매 순간을 가르치고 배울 기회로 바라보면 현상에 대한 인식이 바로 달라집니다. 모든 아이에게는 긍정적인 면이 '반드시' 있습니다.

Part1 ——————————————

아이를 지원하기 위한
마음가짐 갖기

1장

인식,
마음가짐과 거울 효과

인식은 현상을 받아들이거나 이해하거나 해석하는 방식입니다. 인식은 신념 체계에서 생겨나며, 신념 체계는 어린 시절 어디서 누구와 자랐는지 하는 것과 과거와 현재의 경험에서 비롯됩니다. 사실상 사람에 따라서 완전히 똑같은 행동이나 상황도 (차이가 매우 작을지라도) 다르게 인식할 수 있고, 행동하거나 반응하거나 대응하는 방식도 달라질 수 있다는 뜻입니다. 우리가 저마다 현상을 어떻게 인식하는지 이해하는 일은 성공적인 행동 지원의 열쇠입니다. 그래서 이번 장에서는 나의 인식이 아이에게 주는 지원에 어떻게 연쇄적으로 영향을 미치는지 판단이나 자책 없이 한 발짝 떨어져서 지켜보기를 권하려고 합니다. 실행해야 할 전략을 목록으로 줄줄이 적는 것보다 마음가짐을 바꾸는 것이 장기적으로 어떻게 훨씬 더 효과적인지도 살펴보려 합니다. 내가 특정한 행동을 어떻게 인식하는지 이해하기 시작하면 마음가짐과 관계를 맺는 방식을 획기적으로 재구성할 수 있습니다. 장담하건대 결과적으로 평정심과 통제감을 더 느끼게 될 것입니다.

인식 : 현상을 보는 여러 가지 방법

누군가는 문제나 '도전적' 행동으로 볼 것도 다른 사람은 그렇게 보지 않을 수 있습니다. 그래도 괜찮을 뿐 아니라, 각자가 현상을 인식하는 방법과 이유를 이해하는 것은 행동 지원의 가장 필수적인 단계라고 할 수 있지요. 나와 배우자(또는 부모님이나 친구, 동료)가 아이의 행동을 대하는 관점이 서로 다르다고 해보겠습니다. 이런 경우 우리는 대개 자기 관점이 왜 옳다고 생각하는지 입증하려 합니다. 이것은 상대방도 마찬가지이니 각자 자기 관점을 옹호하는 데 시간을 쓰게 되고, 아이의 행동을 가장 잘 지원하기 위한 해결책을 찾는 데는 딱히 진전이 없는 듯한 느낌을 받게 됩니다.

예를 들어 나 자신이나 다른 사람의 눈에 비친 나는 엄격한 부모일

지도 모르고, 정반대로 너무 관대할지도 모르며, 아니면 둘 사이에서 균형을 잡은 모습일지도 모릅니다. 내가 나를 어떻게 생각하든 그 생각은 옳으며, 남이 나를 어떻게 생각하든 그 생각 역시 옳습니다. 이 말이 어떻게 사실일 수 있는지 의아할지도 모르겠습니다. 실은 정말 간단합니다. 사람들은 저마다 여러 이유로 자기 관점이 옳다고 생각할 것입니다. 우리는 자기 관점이 옳다고 믿는 이유를 강력히 주장할 수 있고 주장을 뒷받침할 증거를 제시할 수도 있지만, 모든 사람이 100퍼센트 동의하는 관점은 지금껏 없었고 앞으로도 없을 것입니다.

+ 사례 연구 +

저는 세라와 열한 살짜리 딸 빌리를 만나 빌리의 디지털 기기 사용에 관해 이야기를 나누었습니다. 세라는 딸이 휴대폰을 하는 시간을 걱정하며 딸이 휴대폰 때문에 감정 기복이 심하고 가족과 거리를 둔다고 생각했습니다(아이를 돌보는 어른이라면 아이의 연령대와 관계없이 정말 흔히들 하는 걱정입니다). 세라의 관점에서 볼 때 빌리는 휴대폰을 한시도 손에서 떼지 못하고 SNS 피드를 계속 스크롤하고 있었는데, 이것이 정신 건강에 좋을 리가 없다는 주장이었습니다. 제가 빌리에게 엄마의 걱정을 어떻게 생각하냐고 묻자, 빌리는 "엄마가 무슨 말을 하는지는 알겠는데, 엄마도 휴대폰을 늘 달고 살면서 어떻게 나한테 뭐라고 할 수 있어요!"라고 대꾸했습니다.

1장 인식, 마음가짐과 거울 효과

세라는 자신이 휴대폰을 온종일 달고 산다는 딸의 묘사에 너무 충격을 받아서 "엄마가 언제!"라고 대답했습니다. 자신은 SNS를 거의 하지 않으며 딸처럼 허구한 날 휴대폰을 붙들고 있지도 않다는 것이었지요. 빌리는 이렇게 설명하며 항변을 이어갔습니다. "엄마, 엄마는 늘 휴대폰을 옆에 두고 있잖아요. 그래요, SNS는 나처럼 많이 안 할지 몰라도 정작 엄마는 한 번도 그런 적이 없으면서 나보고는 휴대폰을 방에 두고 나오라고 할 때가 있잖아요!"

세라와 빌리와 만난 시간은 정말이지 인식의 힘을 되돌아보는 계기가 됐습니다. 저 역시 세라와 마찬가지로 제가 휴대폰을 늘 붙들고 있다고 생각하지 않는데, 곰곰이 생각해보면 휴대폰을 항상 옆에 두고 있고 아무 생각 없이 스크롤을 할 때가 많기는 합니다. 그러니 제 십 대 아이들도 제가 휴대폰을 손에서 놓지 못한다고 여길지도 모르지요. 저는 제가 아이들처럼 휴대폰을 많이 한다고 보지 않지만 말입니다. 하지만 이것은 제가 잠재의식적으로 제 어린 시절의 경험을 아이들의 경험과 비교하고 있기 때문입니다. 제가 딸 나이인 열네 살이었을 때는 당연히 휴대폰이 있지도 않았던 반면, 아이들은 기술적으로 훨씬 발달한 세대에 성장했습니다. 아이들의 관점에서는 휴대폰을 하는 것이 평범한 일이지만 제 관점에서는 아니기 때문에 제가 이 문제를 인식하는 방식이 아이들과 다른 것이지요.

인식에 문제를 제기하라

똑같은 것을 보면서도 서로 다른 방식으로 인식할 수 있다는 점을 깨
달으면 전구에 불이 탁 켜지듯 머릿속이 환해질 수 있습니다. 사건이
나 범죄의 목격자들이 제보하는 내용이 저마다 조금씩 다른 것은 이
런 이유 때문이기도 합니다. 인식은 현상을 받아들이거나 이해하거
나 해석하는 방식이라고 했는데, 행동도 마찬가지입니다. 행동을 받
아들이거나 이해하거나 해석하는 방식은 인식에 영향을 주는 신념에
따라 달라지며, 이런 차이는 비단 어른뿐만이 아니라 아이와 어른 사
이에도 존재합니다. 예를 들어 18개월 된 아이는 유아용 변기를 보
면 어른들을 긴장하게 하는 '그것'으로 인식할지도 모릅니다. 어른들
이 웃고 있을지라도 말이지요! 아이는 '응가를 눌 시간이 됐을 때' 어
른들이 보이는 스트레스나 절박한 심정 같은 반응의 변화를 알아챕
니다. 이런 인식은 변기에 앉고 싶어 하지 않는 반응으로 이어집니
다. 아이의 관점에서 변기는 스트레스와 불안을 상징하니까요. 어른
의 관점에서는 기능이 좋다는 변기를 사놓고 웃고 춤추며 변기에 앉
아보자고 하는데 도대체 일이 왜 잘 안 풀리는지 의아할 것입니다.

　제 딸이 더 어렸을 때 저희는 일과를 마치고 아이가 잠자리에 들
준비를 하기 전에 장난감을 정리하곤 했습니다. 딸이 여섯 살쯤 됐
을 때였을까요. 어느 날 저녁, 아이는 장난감을 치우지 않으면 안 되
냐고 물었습니다. 저는 반드시 치워야 하며 내일 다시 가지고 놀면

된다고 말했습니다. 그 또래 아이들이 그렇듯 호기심이 많았던 딸은 왜 이번 한 번만 그대로 두면 안 되는지 물었습니다. 마법의 성을 짓고 있는데 내일 처음부터 다시 시작하고 싶지 않다는 것이었습니다. 저는 전부 치워야 한다고 우기며 제 입장을 고집했습니다. 나중에는 "엄마가 그렇게 말했으니까"라는 말까지 하며 얼렁뚱땅 넘어가려 했던 것도 같네요. 하지만 곰곰이 생각해보면 진짜 이유는 제가 저녁에 어질러진 것 없이 말끔히 정돈된 상태를 선호했기 때문이었습니다. 제 관점에서는 집이 깨끗할 때 통제감을 더 느꼈고 저녁에 더 편안히 쉴 수 있었던 것이지요. 결국은 제가 좋자고 했던 행동이었습니다.

지금 아는 것을 그때도 알았다면 딸이 가지고 놀던 장난감은 그대로 두고 나머지는 치우도록 했을 것입니다. 그러면 저는 정리 정돈을 하고 싶은 욕구를 채울 수 있었을 것이고, 딸은 장난감 일부를 그대로 놓아두고 싶은 마찬가지로 매우 정당한 욕구를 채울 수 있었을 것입니다. 저는 한 발짝 떨어져서 아이들의 관점에서 의견 차이를 바라봐야 한다는 것을 스스로 상기해야 할 때가 많습니다. (맞습니다, 저도 실수를 합니다. 성인들이 자신의 관점에 문제를 제기하도록 지원하는 일이 제 본업인데도 말이지요.)

인식의 원인과 결과

아이를 효과적으로 지원하려면 아이를 나름의 고유한 관점을 지닌 개인으로 보는 것이 매우 중요합니다.

상대방이 현상을 인식하는 방식과 이유를 이해하는 것은 서로 존중하는 기반이 됩니다. 이런 관점에서 우리는 아이에게 가장 이익이 되는 방향으로 관점을 바꿀 수 있다는 생각과 아이가(그리고 우리도) 누군가 봐주고 들어주고 있으며 안전하다고 느낄 수 있도록 서로를 이해하려고 함께 노력하겠다는 생각에 마음이 열려 있어야 합니다. 아이가 상황을 어떻게 인식하고 있는지 알아차리면 아이에게 맞는 지원을 해줄 수 있습니다.

+ 사례 연구 +

초등학교 선생님이 문제 행동이 심해진 벤이라는 아이를 도와달라고 저를 학교로 청한 적이 있습니다. 벤은 '난동'을 부리는가 하면 지시를 따르거나 말을 듣거나 반 아이들과 사이좋게 놀려고 하지도 않는다고 했습니다. 교실로 들어서니 옷걸이 위에 붙어 있어야 할 벤의 이름표가 떨어져 나간 것이 눈에 띄었습니다. 이름표가 떨어진 지 얼마나 됐는지 묻자, 선생님은 몇 주 전 일이었으며 다시 붙여놓으려 했다고 해명했습니다. 함께 날짜를 되짚어보니 벤의 행동이 심해지기 시작한 시점은 이름표가 떨어진 무렵과 정확히 일치했습니다.

선생님의 관점에서는 지난 몇 주 동안 변한 것이 아무것도 없었습니다. 선생님도 매일 학교에 있었고 교실도 똑같고 반 아이들도 바뀌

1장 인식, 마음가짐과 거울 효과

지 않았는데 무슨 일이 있었길래 벤의 행동이 달라진 것인지 의아했지요. 벤은 교실을 안전한 공간으로 여겼고 선생님과 관계가 좋았으며 매일 어울려 노는 아이들도 몇몇 있었습니다. 하지만 어쩌다 이름표가 떨어진 뒤로 벤이 교실을 대하는 관점은 이렇게 바뀌었습니다. '선생님이 이제 내가 여기 있는 걸 바라지 않는 것 같아. 다른 애들 이름은 다 있는데 내 이름만 없어진 걸 보면 이제 나를 안 좋아하는지도 몰라. 다른 애들도 나를 별로 안 좋아하는 것 같아. 어쩌면 나한테 뭔가 문제가 있는지도 모르겠어. 이제 교실에 있으면 기분이 좋지 않아…' 벤이 난동을 부리기 시작한 것은 이런 관점과 자기 이름이 왜 옷걸이 위에 붙어 있지 않은지 스스로 생각한 이유 때문이었습니다.

　벤과 선생님은 같은 교실과 같은 아이들과 같은 옷걸이를 보고 있었지만, 두 사람의 관점은 완전히 달랐습니다. 벤은 교실에서 더 이상 정서적으로 안전하다고 느끼지 못한다는 것을 어떻게 말로 소통해야 할지 몰라서 대신 행동으로 소통했습니다.

　다음은 서로 다른 관점과 배경이 육아나 교육, 돌봄에 어떤 영향을 주는지 보여주는 사례입니다.

+ 사례 연구 +

크리스틴과 게리 부부는 쌍둥이 자녀의 주말 취침 시간에 동의하지 못했습니다. 엄마인 크리스틴은 아이들의 취침 시간이 일정하지 않아서 주말이 스트레스로 느껴진다고 주장했고, 아빠인 게리는 아이들에게 시간을 유연하게 쓸 수 있는 자유를 더 주어야 하는데 그렇게 하지 못해서 스트레스가 많다고 했습니다. 두 사람은 모두 자신의 주장을 강하게 내세웠지만 누가 옳고 누가 그른지 합의를 볼 수 없었습니다.

크리스틴은 외동이었고 어린 시절 엄마와 단둘이 생활했습니다. 크리스틴이 기억하는 어릴 적 주말은 아주 고요하고 평화로웠습니다. 크리스틴은 주말에도 주중과 똑같은 시간에 잠자리에 들었으며 그 시절이 매우 행복했다고 말합니다. 게리는 다섯 남매 중 한 명으로 자랐습니다. 게리 자신도 쌍둥이였고 위로 쌍둥이 누나들과 형이 한 명 있었습니다. 게리는 집이 늘 시끌벅적해서 무척 즐거웠다고 회상합니다. 취침 시간에 형제자매와 함께 놀았던 기억이 있고, 워낙 여러 명이 한방을 쓰다 보니 잠자리에 누워 농담을 주고받으며 웃다가 잠들었다고 합니다. 게리 역시 어린 시절이 매우 행복했다고 묘사합니다.

이번 사례에서 봤듯 그 자체로 옳거나 그른 생각은 없으며 여러 인식이 있을 뿐입니다. 인식은 관점과 핵심 신념, 경험, 상황에 따라 제각기 타당합니다. 다만 우리에게는 늘 선택권이 있고, 하려고만 하면 인식을 바꾸거나 조정할 수 있습니다. 나와 관점이 다른 사람을 한번 떠올려보세요. 어느 연령대의 아이라도 좋고 어른도 괜찮습니다. 그 사람의 성장 배경이나 근원적인 욕구는 지금의 인식과 행동에 어떤 영향을 미칠 수 있었을까요? 내가 상대방의 생각에 동의하지 않는다고 해도 누가 옳거나 그른지에 집착하는 대신 서로 다른 인식을 그저 이해할 수 있다면 기분이 바로 훨씬 좋아지지 않을까요?

나는 어떠한 신념 체계를 가지고 있는가

나와 상대방이 상황을 왜 그렇게 인식하는지 이해하기 시작하면 지식과 경험을 나누고 함께 배우고 성장하며 아이에게 가장 이익이 되는 방향으로 힘을 실어줄 수 있습니다. 여기서 가장 중요한 것은 저마다 내면에 어떤 신념을 품고 있는지, 이 신념은 어디서 비롯됐으며 어떻게 형성됐는지 아는 일입니다. 인식은 핵심 신념에 영향을 받기 때문입니다.

　이 장에 실린 사례 연구에서도 보게 되겠지만, 내면의 신념과 신념에 대응하는 방식을 형성하는 내부적, 외부적, 의식적, 무의식적 요인은 수도 없이 많습니다. 많은 사람이 그렇듯 트라우마는 제 신념 체계에 영향을 미쳤습니다. 저는 다섯 살 때쯤부터 성인이 될 때까지 저와 마찬가지로 아이였던 가까운 사람에게 심한 정서적 폭력을 당했습니다. 내면의 신념은 매우 강했지만, 누구의 심기도 거스르고 싶지 않아서 신념을 따르는 대신 주변 사람들에게 지나치게 맞춰줄 때가 많았습니다. 관점이 다르다고 하면 사람들이 온갖 부정적 기운을 쏟아낼 거라고 생각했지요. 이런 생각은 성인기까지 이어졌고, 세상은 목소리 큰 사람 말만 듣는다는 제 잘못된 신념을 재차 확인해주었습니다. 저는 나중에야 공격성이 아니라 열정을 담아 말하는 방법과 대화를 나누고 경청하는 방법, 그다음에는 이 두 가지를 조화시키는 방법을 배웠습니다. 상대방의 견해에 전적으로 동의하지 않아도 왜 그렇게 생각하는지 이해하고 배울 정도로 열려 있으면서도 제 관점을 드러낼 수 있는 자신감을 얻었습니다. 경력을 쌓아가면서는 제 개인 생활과 직장 생활이 놀랍도록 유사하다는 것을 발견했고, 생각과 감정이 소통되는 '방식(예를 들어 소리를 지르는 행동)'을 넘어 아이든 성인이든 모두 저마다 사물을 다르게 인식한다는 사실을 이해했습니다. 이로 인해 우리 모두가 다르게 행동한다는 사실을 깨닫기 시작했습니다.

행동 해독하기

저를 가해했던 사람의 행동 이면의 이유를 성인이 되어 이해하고 나니, 어린 시절 폭력을 당했던 것은 제 탓이 아니며 제가 무엇을 잘못한 것도 전혀 아니라는 사실을 매우 분명하게 알 수 있었습니다. 그 사람은 세상을 정서적으로 안전하지 못한 곳으로 인식했고, 자기혐

오와 공포에서 기인한 행동을 하며 그 감정을 제게 투사했습니다. 이 점을 이해하자 제가 그 사람을 통제할 수는 없지만 어떻게 대응할지는 통제할 수 있다는 사실을 깨닫게 됐습니다. 무척 큰 힘이 되는 깨달음이었습니다.

아이가 바람직하지 않은 행동을 하면 내가 실패하고 있다거나 양육을 제대로 하지 못하고 있다는 느낌이 들 수 있고, 이런 관점에서 행동을 당장 고치거나 그만두게 하려고 할지도 모릅니다. 아이의 행동으로 내가 느끼는 기분도 사라질 거라는 생각이 잠재의식에 깔려 있기 때문입니다. 이 점을 잠시 생각해보세요. 내가 돌보는 아이가 바람직하지 않은 행동을 하면 어떤 기분이 드시나요? 이제 같은 아이가 정확히 똑같은 행동을 하려고 하는데 이번에는 그 행동에 관한 나의 인식이 완전히 달라졌다고 해보겠습니다. 이번에는 아이의 행동을 소통으로 인식하는 것입니다. 이제 아이가 어떤 이유에서건 기분이 좋지 않다는 것을 말이 아닌 다른 수단으로 전하려 한다고 생각해보세요. 아이는 일부러 속을 썩이려는 것이 아니고, 내가 무슨 '잘못'을 하고 있는 것도 아닙니다. 아이는 그저 욕구나 감정을 행동으로 나타내며 소통하고 있을 뿐입니다.

이런 마음가짐으로 접근한다면 생각이(따라서 반응이나 대응도) 바로 달라질 것입니다. 여느 습관이 그렇듯 이런 마음가짐을 기르려면 연습이 필요합니다. 특정한 행동을 볼 때 드는 부정적 감정이 완전히 사라지지는 않을 것입니다. 하지만 연습한다면 앞으로 느끼게 될 기분은 예전과 확연히 다를 것이며, 나와 아이의 상황은 훨씬 나아지기 시작합니다.

이해의 관점에서 대응하기

우리는 어떤 상황에 있든 어떻게 대응할지 선택할 수 있으며, 연습하면 할수록 아이들을 더 잘 지원할 수 있게 될 것입니다. 앞서 설명했듯 행동 이면의 '이유'를 인식할 수 있다면 어른과 아이 모두에게 매우 큰 힘이 됩니다. 이 관점에서는 모든 상황이 다르게 보이고 다르게 느껴지므로 행동과 반응도 달라집니다. 지금까지는 아이가 말을 듣지 않거나 지시를 따르지 않을 때처럼 내가 통제할 수 없다고 느껴지는 상황에 놓이면 통제권을 되찾기 위해 소리를 지르거나 심지어 개입하기에 너무 지쳐서 보고도 못 본 체하는 것으로 대응했을지도 모릅니다. 하지만 다른 방법이 있습니다.

저는 '부드럽게 지도하고 지원하자'라는 제 접근법의 핵심 토대가 나이나 인생의 시기와 관계없이 모든 사람에게 적용될 수 있다고 믿습니다. 이 접근법은 상대방을 받아들이고 이해하려는 마음가짐에서 시작되기 때문입니다. 사실상 아이와 관련된 상황뿐 아니라 살면서 만나는 이런저런 상황에 대처하는 방식을 조정할 수 있게 되는 것입니다. 제 이야기를 예로 들어볼까요. 5년 전 엄마가 치매 진단을 받았을 때 제 삶은 정말 많은 부분이 달라졌습니다. 제가 인생과 주변의 모든 상황, 사람을 인식하는 방식도 극적으로 바뀌었습니다. 저는 그렇게 자기 성장의 험난한 여정을 시작했습니다.

저희 엄마는 치매 진단 당시 겨우 65세였지만, 5년 사이에 증세가 공격적이라고 할 만큼 매우 급격히 악화해서 이제는 혼자서 20분 이상 있을 수 없으며 다른 사람 도움 없이는 차를 끓이거나 옷을 제대로 입을 수도 없는 상태가 됐습니다. 기분이나 행동을 예측하기도 매우 어렵습니다. 제가 엄마의 주 돌봄 제공자로서 보냈던 시간은 남동생의 표현을 빌리자면 행동 지원에 관한 '고난도 수업'과도 같았습니다. 저는 퇴행성 질환 때문에 엄마의 감정이 요동치더라도 저마저 파도에 휩쓸려서는 안 된다는 사실을 매우 빠르게 깨달았습니다. 엄마가 최악의 상태일 때 계속해서 최선을 다해 행동을 지원하고 돌봐드리려면 저는 최상의 상태에 있어야 했습니다. 폭풍우가 몰아치는 바다에 뜬 구조선이 되어야 했습니다. 그리고 인생에는 큰 풍파가 얼마나 많은지요! 그런 순간에 저는 엄마를 공격적이고 까다롭다고 인식하는 대신 불안하고 취약하다고 인식했습니다. 이 미묘한 인식 변화는 정말 중요했습니다. 엄마를 불안하고 취약한 사람이라고 인식하자마자 공격적이고 까다로운 모습으로 나타났던 엄마의 '정서적 욕구emotional needs'를 적절히 채워드릴 수 있게 됐으니까요. 다시 말씀드리지만 그러려면 연습이 필요합니다. 다음 장에 나오는 내용을 연습하면 마음가짐과 대응을 관리하는 데 도움이 될 것입니다.

아이는 나를 비추는 거울이다

내가 행동을 어떻게 인식하고 생각하는지, 아이에게 무엇을 기대하고 아이가 어떻게 행동해야 한다고 믿는지는 내가 느끼는 감정에 직접적인 영향을 미칩니다. 이런 감정은 내가 아이의 행동에 반응하거나 대응하는 방식에 의식적으로든 잠재의식적으로든 반영되기 마련입니다. 그러면 아이는 나의 반응과 대응을 거울처럼 그대로 반영하는 행동을 할 수 있습니다. 내가 아이의 행동을 불쾌하게 느끼면 이 감정은 또 나의 인식과 생각, 감정, 행동에 영향을 미치고, 그러면 또 아이는 거울 효과에 따라 행동하는 악순환이 다시 시작됩니다.

저희 부부는 아들이 열일곱 살이 됐을 때 운전 학원을 등록해주었습니다. 아들이 운전 교습을 받기를 '저희'가 바랐던 이유는 걷는 편보다 운전하는 편이 안전하리라고 '저희'가 생각했고, 무엇보다 아들이 운전을 배우고 싶어할 거라고 '저희'가 확신했기 때문이었습니다. 어떤 열일곱 살짜리 아이가 운전대를 잡을 기회를 마다하겠어요? 그래서 아들이 필기시험 공부를 하려는 노력을 기울이지 않고 있을 때, 저희는 아들이 게으르고 고마워할 줄 모른다고 말했습니다. 하지

45

만 알고 보니 아들도 필기시험을 치고 운전 교습을 받고 싶기는 했지만 저희가 원했던 시기에는 하고 싶지 않았던 것일 뿐이더군요. 아들은 말이 아닌 '게으르고 고마워할 줄 모르는' 행동으로 이런 메시지를 전하고 있었습니다. '내가 원했다고요? 난 게으른 것도 고마워할 줄 모르는 것도 아니에요. 왜 그런지 잘 몰라서 어떻게 말해야 할지도 모르겠지만, 그냥 지금 당장은 하고 싶은 마음이 들지 않아서 그래요.' 지금 와서 돌이켜보니 아들이 저희가 정해준 기간 안에 움직여주었다면 통제감을 더 느낄 수 있었겠다는 생각이 듭니다. 아들이 운전할 수 있고 안전하다는 것을 아니까 마음도 더 편했겠지요. 저녁에 딸과 함께 방을 정돈하던 때와 마찬가지로 제 관점에서 제가 좋자고 한 행동이었습니다.

저희 부부는 아들이 기뻐하며 열의를 보여주는 것으로 감사 표시를 해주기를 기대했습니다. 제가 이런 기대를 품었던 것은 열일곱 살 때 부모님이 비슷하게 운전 학원에 등록해주셨던 기억 때문이었습니다. 아무래도 저는 거의 똑같은 상황을 제 아이와 재현하고 싶었던 것 같습니다. 당시 제가 정말로 행복하고 열의에 넘쳤던 것을 떠올리며 아들도 이런 좋은 기분을 느끼기를 바랐으니까요(이것 자체는 나쁜 것이 아닙니다). 하지만 아들이 기대한 대로 행동하지 않았을 때, 아들이 어떻게 행동했어야 '한다는' 제 신념은 아들의 행동뿐 아니라 아들을 향한 감정에 직접적인 영향을 미쳤습니다. '우리가 해준 게 얼마인데 이렇게 배은망덕하게 굴다니 믿을 수 없어. 얘가 원래 성격이 이런 걸까? 우리가 뭘 잘못했나?' 이런 온갖 생각이 소용돌이치고 실패감과 걱정, 좌절, 짜증이 이어서 올라오더니 저도 모르게 부정적 감정을 실어 반응하고 있었습니다. 제 반응은 게으르고 감사할 줄 모른다는 생각을 말로 표현하는 것으로 나타났고, 아들은 물론 '공격'으로 여길 만한 내용을 감지하고 저를 다시 '공격'했습니다. 그리고 아들의 반응은 제가 원래 했던 비난과 아들의 행동과 성격에 관한 생각을 굳히는 결과로 이어졌습니다. 생각-감정-행동의 순환은 이렇게 다시 시작됩니다(이 내용은 다음 장에서 살펴볼 것입니다). '이긴' 사람도 기분이 좋은 사람도 없지만, 가장 중요한 문제는 적절한 해결책을 찾을 유일한 방법인 표면에 드러난 행동 아래의 진짜 이유를 아무도 알아내지 못한다는 것입니다.

나의 인식과 너무 동떨어졌다고 느끼면 다른 사람의 인식을 받아들이기 어려울 수 있습니다. 저는 '내가 보고 있는 것은 진실이 아니라, 진실이 무엇인지에 관한 나의 인식이다'라는 말을 자주 합니다. 이 개념은 아이가 몇 살이든 간에 아이에게(사실 누구에게든) 네가 생각하는 '진실'은 내가 생각하는 진실과 일치하지 않으니 틀렸다고 말하는 것을 피하기 위한 행동 지원의 첫 단계로서 무척이나 중요합니다. 아이가 '지배권을 쥐도록' 내버려두라는 것이 아니라, 아이의 인식을 의도치 않게 무시하는 대신 아이가 안전하게 배울 수

1장 인식, 마음가짐과 거울 효과

있도록 허용하고 내면의 고유한 안내 체계를 작동할 자유를 주라는 것입니다.

우리가 인생에서 무언가를 원하는 이유는 대상을 손에 넣었을 때 따라오는 '감정' 때문입니다. 그리고 우리는 모두 어떤 방식으로든 정서적 연결을 추구합니다. 복권에 당첨된 사람들의 이야기를 들어 보셨을 것입니다. 이들은 당첨만 되면 세상을 다 가진 것 같고 인생에서 이보다 더 좋은 일이 없을 것이라고 인식했지만, 새로 얻은 재산에도 불구하고 당첨 전보다 훨씬 더 비참한 기분에 빠진 사람이 많다는 사실에 충격을 받습니다. 이것은 돈이 있으면 행복해질 거라는 신념을 갖고 있기 때문입니다. 하지만 이들이 진정으로 추구하는 것은 복권이 가져다줄 거라고 믿는 느낌입니다. 자유로운 느낌, 선택권이나 선택지가 있다는 느낌, 해방감 같은 것이지요. 그래서 복권에 당첨이 되어도 더 이상 누구를 믿어야 할지 모른다면 자유롭다기보다 갇혀 있다는 느낌을, 선택지가 있다기보다 제한적이라는 느낌을, 해방됐다기보다 억눌려 있다는 느낌을 받을지도 모릅니다. 우리가 저마다 하는 일에서 추구하는 것은 언제나 '감정'입니다.

이제 장난감을 빼앗겼다고 성질을 부리는 두 살짜리 아이나 휴대
폰을 압수당했다고 버릇없이 구는 열두 살짜리 아이를 떠올린 뒤 아
이들이 이렇게 행동하는 이면의 '이유'를 생각해보세요. 아이들이 장
난감이나 휴대폰을 가지고 있었을 때는 어떤 '감정'을 느꼈고 빼앗기
고 나서는 또 어떤 '감정'을 느낄까요? 다음에는 내가 원하는 것을 정
리한 목록을 보며 생각해보세요. 예를 들어 일주일 동안 커피를 마시
면 안 된다는 말을 들었거나 집으로 돌아가는 전철에 앉을 자리가 있
기를 간절히 바랐는데 40분 동안 서서 가야 한다는 사실을 깨달았다
면 어떤 기분이 들까요? 얼마나 짜증이 나겠습니까!

우리는 상황에 늘 감정적으로 반응합니다. 다만 보통 나이를 먹
으면서 속마음은 그렇지 않더라도 감정을 더 바람직한 방식으로 소
통하는 방법을 배울 뿐입니다. 그래서 커피를 마시면 안 된다는 말
을 들었을 때 느끼는 감정이 어린아이가 장난감을 가지고 놀면 안 된
다는 말을 들었을 때 느끼는 감정과 비슷할지라도(어쩌면 감정의 강도

가 같을지라도) 바닥에 드러누워 울지 않는 것입니다. 행동이 나타나고 소통되는 방식은 사람에 따라 다르며, 아이들은 감정을 다르게 소통할 가능성이 더 높습니다. 이런 새로운 관점에서 예시를 더 자세히 살펴보겠습니다.

- **두 살짜리 아이의 관점**: '장난감이 있으면 기분이 좋고 마음이 편한데 지금은

  답답하고 짜증이 나.'

  감정을 소통하는 방식 = 성질을 부리는 행동: 울거나 바닥에 드러눕는다.
- **나의 관점**: '커피를 마시면 기분이 좋고 마음이 편해지는데 지금은 답답하고

  짜증이 나.'

  감정을 소통하는 방식 = 성질을 부리는 행동: 동료나 가족에게 딱딱거리거

  나 신경질을 낸다.

내가 찾는 감정이 채워지지 않으면 행동에 영향이 갈 수 있습니다. 나이가 어리든 많든 사람에 따라 다른 행동으로 나타날 뿐입니다. 잠시 가슴에 손을 얹고 내가 마지막으로 '성질'을 부린 적이 언제인지 떠올려보세요. 두 살짜리 아이가 성질을 부리는 모습과 같지는 않겠지만, 우리는 모두 답답하고 짜증 나는 '감정'을 느껴봤고 이런 감정에 영향을 받아 행동하거나 반응한 적이 있습니다. 이것은 지극히 평범한 일입니다. 우리는 이런 감정을 느끼는 것에는 아무런 문제가 없

다는 점을 아이가 이해할 수 있게 지원해야 합니다. 아이가 제 감정이 무엇인지, 왜 그런 감정을 느끼는지 알아차릴 수 있게 독려해야 합니다. 그다음 우리가 할 역할은 아이가 특정한 감정을 느낄 때 바람직하지 않은 방식으로 행동하지 않도록 지원하는 것입니다. 아이가 바람직하지 않은 행동을 해서 상대방을 실망시킨 것에 죄책감이나 수치심을 느끼면, 이런 감정은 의도치 않게 더 바람직하지 않은 행동으로 이어질 수 있습니다.

개개인의 관점은 생각하는 방식과 행동하거나 반응하거나 대응하는 방식에 분명 영향을 미칩니다. 앞서 살펴봤듯 어느 두 관점도 똑같지 않으므로, 내가 나의 관점으로 하는 생각과 상대방이 자신의 관점으로 하는 생각은 얼마간 또는 완전히 다를지도 모릅니다. 상대방이 어른이든 내가 돌보는 아이이든 마찬가지입니다. 우리의 목표는 서로 동의하게 하는 것이 아니라 현상을 받아들이거나 이해하거나 해석하는 방식이 서로 다르다라는 점을 그저 이해하고, 여기서부터 아이에게 가장 이익이 되는 방향으로 협력하는 것입니다.

다른 관점에서 지원하기

아이의 감정들이 양팔 저울 위에 놓여 있다고 상상해봅시다. 우리 모두가 본래 누구나 좋은 기분을 느끼려는 욕구를 원한다고 할 때, 저울의 균형을 맞춰 **정서적 균형**emotional balance을 잡아주는 것은 바로 정

서적 연결emotional connection입니다. 저울 한쪽에 분노나 슬픔, 불안, 공포 같은 무거운 감정이 잔뜩 실려 있는 모습을 머릿속에 그려보세요. 이런 감정은 바람직하지 않은 행동으로 나타납니다. 행동은 모두 감정의 표현이기 때문입니다.

　저울의 다른 쪽과 균형을 맞추려면 아이는 정서적 연결이 많이 필요합니다. 바람직하지 않은 행동은 정도가 약하든 보통이든 심하든 간에 저울 한쪽에 놓인 부정적 감정에서 기인합니다. 저울의 균형을 잡아서 궁극적으로 아이가 다르게 느끼고 행동할 수 있게 도와주려면 이런 부정적 감정과 사실상 반대되는 행복이나 희망, 열정 같은 감정이 반대쪽에 '같은' 정도로 있을 '필요'가 있다는 뜻입니다.

이런 관점으로 보면 아이의 행동에 관한 인식이 바뀔 수 있고, 그러면 우리가 대응하는 방식도 바뀔 수 있습니다. 문제 행동이 재발하고 같은 방식으로 격화될 위험을 줄일 수 있습니다.

+ 사례 연구 +

세 살짜리 마야의 문제 행동은 남동생이 태어났을 때 극에 달했습니다. 마야의 부모님은 새로 태어난 아기를 사랑스러운 복덩이로 인식했지만, 마야는 관심을 훔쳐 가는 존재로 인식했습니다. 동생은 엄마와 아빠뿐 아니라 마야가 제일 좋아하는 옆집 짐 삼촌이 주던 관심을 모두 빼앗았고, 동네 구멍가게 아줌마도 마야를 무시하고 곧장 동생

　　　　　　　　　　　　　　1장 인식, 마음가짐과 거울 효과

에게 먼저 달려갔으니까요. 엄마인 에이미는 마야가 여전히 특별한 딸이라고 말해줬지만, 마야는 모든 게 영원히 달라져 버렸다는 생각에 무섭고 불안했습니다. 이런 감정이 커지면서 마야의 행동도 걷잡을 수 없이 심해졌습니다. 마야는 큰 소리를 내며 한참을 울고 방바닥에 장난감을 내팽개치는가 하면 동생의 머리카락을 잡아당기기도 하며 불안한 마음을 소통했습니다. 마야의 감정 저울에서 공포와 불안이 잔뜩 실린 쪽은 몇 주, 몇 달이 지나고 동생이 자랄수록 무거워지고 있었습니다. 에이미가 마야에게 여전히 특별한 딸이라고 말해줄 때면 반대쪽에 무게가 실리기는 했지만, 완전히 균형을 맞출 정도는 아니었습니다. 당시 마야가 동생을 보며 느끼는 혼란스러운 감정이 너무

무거웠던 탓이지요.

마야가 다르게 느끼고 다르게 행동하기 위해서는 누군가 봐주고 들어주고 있으며 안전하다는 느낌을 계속해서 받아야 했습니다. 에이미는 마야가 동생의 존재를 받아들이고 이해하고 해석하는 방식과 이유를 도움을 받아 이해할 수 있었습니다. 마야의 관점은 에이미가 임신했을 때 딸이 마음의 준비를 할 수 있게 최선의 노력을 다했다고 믿으며 기대했던 것과는 매우 달랐습니다. 에이미의 관점에서는 딸 마야에게 누군가 봐주고 들어주고 있으며 안전하고 소외되지 않았다는 느낌을 임신 기간과 출산 이후에 주려고 했고, 실제로도 그렇게 했습니다. 엄마와 딸의 관점은 저마다 나름대로 타당했습니다. 하지만 에이미는 세 살인 마야가 관심을 훔쳐 가는 존재로 동생을 인식하고 있으며 이런 감정이 사랑스러운 동생에게 보이는 행동과 반응, 대응에 영향을 미쳤다는 사실을 이해하게 됐습니다. 마야에게 엄마와 아빠의 관점에서 동생을 봐달라거나 지금 느끼는 감정을 느끼지 말라고 강요할 수는 없었습니다. 에이미가 마야의 감정과 나아가 바람직하지 않은 행동을 이해할 수 있는 유일한 방법은 마야가 느끼는 감정의 균형을 잡아주는 것이었습니다. 더 자세한 방법은 이후에 더 살펴볼 것입니다.

기억하세요. 우리의 목표는 서로 동의하게 하는 것이 아니라, 현상을 받아들이거나 이해하거나 해석하는 방식이 서로 늘 다르다라는 사실을 그저 이해하는 것입니다. 이것을 연습할 수 있다면 아이들은 더 잘 이해받았다고 느낄 것입니다. 누군가 봐주고 들어주고 있으며 안전하다고 느끼면 저울을 반대쪽으로 기울이는 정서적 연결은 자연히 생겨납니다.

저울을 보면 알 수 있듯 부정적 감정은 사라지지 않았습니다. 이제 긍정적 감정이 더 많아서 저울이 균형을 이루거나 반대쪽으로 기울었을 뿐이지요. 우리는 보고 싶지 않은 행동이 아니라 보고 싶은 것, 이를테면 친절이나 나눔, 깊은 생각, 노력, 배려 같은 가치를 더 알려주는 일에 집중해야 합니다. 행동 지원이 때로 매우 어렵게 느껴지는 이유 중 하나는 아이나 우리에게 좋지 않다고 생각하는 행동을 멈추거나 없애려고 하기 때문입니다. 물론 아이에게 가장 좋은 것만 주고 싶은 마음은 충분히 이해합니다. 하지만 부정적 감정을 모두 없애겠다는 생각은 현실적이지 않습니다. 부정적 감정은 인생의 자연스러운 부분입니다. 부정적 감정을 이렇게 인식하고 부정적 감정이 주는 느낌을 '두려워하지' 않게 돕는다면, 아이는 그저 시키는 대로 따르는 대신 자신의 고유한 내면의 안내 체계에 의지해서 인생을 항해하는 방법을 터득해낼 것입니다.

우리는 아이들이 최대한 어릴 때부터 직감에 귀 기울이기를 바랍니다. 그래서 어린아이에게는 "낯선 사람이 다가오는데 이상한 느낌이 들면 그 사람이 가자는 대로 따라가지 마"라는 말을, 나이를 더 먹은 아이에게는 "친구들이 뭘 하라고 압박해서 불편한 기분이 들면 그 기분을 믿고 하지 마"라는 말을 자주 합니다. 아이가 제 감정을 능숙히 다스릴 수 있게 하려면 바람직하지 않은 행동이 부정적 감정의 표현이라는 사실을 이해하고 이런 관점에서 아이가 배우고 성장할 수 있게 지원해야 합니다. 본능적 직감에 귀 기울일 수 있는 도구를 아이에게 마련해줘야 합니다. 이런 도구가 있으면 살면서 부딪히는 온갖 상황에서 자신을 보호할 수 있기 때문입니다.

이제부터는 아동과 청소년의 바람직하지 않은 행동이 정서적 지원과 연결의 필요성을 알리는 신호라는 점을 염두에 두셨으면 합니다. 그러면 감정 저울을 반대쪽으로 기울여서 균형을 잡아주며 이들이 배우고 성장하게 도울 수 있습니다. 이런 마음가짐이 습관이 되다시피 하고 아이가 성장하는 모습이 눈에 보이게 되면 정말 무척 힘이 납니다만, 꾸준한 연습이 필요하다는 말을 꼭 강조하고 싶습니다. 지금도 저는 일을 하기 위해서뿐만 아니라 모두에게 최대한 스트레스가 없는 방법으로 두 아이를 키우기 위해 이 마음가짐을 매일 연습하고 있습니다(실제로 효과가 있습니다!).

탓할 것도 부끄러워할 것도 없다

앞으로 책 곳곳에서 이 만트라를 정말 많이 반복할 테니 지켜봐주세요!

죄책감은 아이의 행동을 지원할 때 커다란 영향을 미칠 수 있습니다. 내가 무엇을 '잘못'하지는 않았는지, '제대로' 못 하고 있지는 않은지 자문하게 되기 때문입니다. 저는 과거에 해야 했거나 하지 말았어야 한다고 생각하는 일, 또는 현재 해야 하거나 하지 말아야 한다고 생각하는 일로 자신이나 타인을 탓하거나 부끄럽게 만들어서는 안 된다고 믿습니다. 내가 아이에게 어떤 인식과 신념을 투영하고 있을지, 이것이 아이와 아이의 행동에 어떤 영향을 미치고 있을지 생각할 때 이 만트라를 마음에 새기시기를 바랍니다.

아시다시피 저는 십 대 아이 둘이 있고 치매를 앓고 있는 엄마도 돌보고 있습니다. 저는 엄마를 하루 종일 돌보는 일이 감정적으로 지치고 버거울 때가 있다는 사실에 여전히 죄책감을 느끼곤 합니다. 마찬가지로 십 대 아이들을 키우면서도 걱정과 불안에 사로잡혀서 정신적으로 쉴 수 있는 시간을 갈망하게 될 때가 있습니다. 저는 제가 상담을 통해 지원하는 행동 이면의 감정을 거의 다 직접 경험해봤습니다. 비탄, 압도감, 분노, 좌절감, 수치심, 불안, 공포, 이 밖에도 정말 많은 감정이 있습니다. 제가 이런 감정을, 나아가 행동을 관리하고 지원할 때 힘과 희망이 되는 지식을 공유하는 일에 열정을 쏟게 된 이유는 저 역시 같은 경험이 있기 때문입니다. 저는 누구나 정서적 안전감을 느낄 권리가 있다는 것을 절감합니다. 죄책감과 수치심은 이런 느낌이 들지 못하게 앞을 가로막을 뿐입니다.

기억하세요.

- 때로는 부정적인 감정을 느껴도
- 실수해도
- 제대로 못 하고 있다는 생각이 들어도
- 지난 행동을 후회해도

괜찮습니다. 그리고

- 다시 시도해도
- 다 알지 못해도
- 원한다면 마음을 바꿔도

전혀 문제가 되지 않습니다. 아이가 이 사실을 알아도 무방하고요.

그러니 탓할 것도 부끄러워할 것도 없다는 말을 앞으로 꼭 기억하세요.

나부터 바뀌면 아이의 행동이 바뀐다

아이의 행동 뒤에 숨겨진 감정에 대응하는 방식을 바꾸면 아이에게 긍정적인 영향과 도움을 일관되게 줄 수 있습니다.

아이들은 듣는 것보다 보는 것에서 더 많이 배웁니다. 전체 의사소통에서 비언어적 의사소통이 차지하는 비중이 매우 크다는 것이 대부분 전문가의 의견이고, 현재 과학적 추정치에 따르면 뇌 활동의 95퍼센트가 무의식적으로 이루어진다고 합니다.* 우리가 의식적으로 자각하지는 못해도 거울 효과를 만드는 미묘한 차이가 매우 많습니다. 이런 미묘한 차이를 감지한 아이의 관점에서는 어른의 말이나 행동 중에 지시받은 내용과 모순되는 부분이 있으면 행동을 수정하거나 지원을 받아들이기 어려울지도 모릅니다. 예를 들어 부모님이나 선생님이 "얘가 어디서 큰 소리를 내!"라고 소리치면 아이는 매우 혼란스러울 수 있습니다. 그 순간 아이는 지시가 큰 소리로 주어졌다는 것만 귀에 들어옵니다.

몇 가지 상황을 거울 효과의 관점에서 살펴보겠습니다.

★ Emma Young, 'Lifting the lid on the unconscious', New Scientist, 25 July 2018, www.newscientist.com/article/mg23931880-400-lifting-the-lidon-the-unconscious/

"아기가 잠깐이라도 울음을 그치면 좋겠어요." 두 살 아들을 둔 엄마가 악을 쓰며 우는 아이를 무릎에 앉히고 어르며 말합니다. 예쁜 아들을 걱정하며 운 탓에 두 눈이 붉게 충혈되어 있습니다.

"딸애가 쉽게 긴장하고 불안해해요. 중학교에 올라가면 잘 지낼 수 있을지 걱정입니다." 열한 살 딸을 둔 아빠가 초조한 듯 다리를 위아래로 떨며 용기를 내어 말을 꺼냅니다(다리를 떠는 것은 스트레스나 불안이 심할 때 하는 행동인데, 최근 더 심해진 것 같다고 합니다).

"아이를 도무지 종잡을 수 없어요." 다섯 살 아들을 둔 엄마가 아이의 감정 폭발을 막으려면 기분에 따라 시도 때도 없이 달라지는 아이의 요구에 계속 맞춰줘야 한다고 설명합니다.

"아이가 늘 기분이 안 좋고 화가 나 있어요!" 열네 살 여학생을 가르치는 선생님이 짜증스럽고 답답한 마음에 벌겋게 달아오른 얼굴로 말합니다.

"아들이 행복하기만 하다면 바랄 게 없어요." 열일곱 살 아들을 둔 부모님이 아이 걱정에 슬퍼하며 털어놓습니다.

이 중에 내 이야기처럼 들리는 내용이 있다면 탓할 것도 부끄러워

1장 인식, 마음가짐과 거울 효과

할 것도 없다는 말을 기억하세요. 원한다면 바꿔볼 수 있도록 내 행동을 의식적으로 자각해보자는 것일 뿐이니까요. 하지만 사람들이 이 사례들을 읽고 처음 보이는 반응은 대개 '아니야, 난 안 그래, 난 이런 행동을 전혀 안 하는걸' 또는 '내가 가르치는 학생이 기분이 안 좋고 화가 나 있으면 짜증스럽고 답답한 게 당연하지'와 같은 생각이지 않을까 싶습니다.

여기서 유의할 점은 아이가 그렇게 행동하는 것이 나 때문은 아니지만, 아이는 자기 삶에서 중요한 어른인 나에게서 정서적 연결을 얻으려 하고 정서적 균형을 배울 것이라는 점입니다. 아이들은 관찰과 모방을 통해 가장 많이 배웁니다. 과학자들이 뇌에 있는 거울 뉴런을 발견한 이후로 학습과 정서 지능을 생각할 때 행동을 이해하고 따라 할 수 있는 능력이 매우 중요하다고 합니다.

이 점을 염두에 둔다면 아이에게 바라는 모습을 나부터 갖추고 있어야 합니다. 정서적으로 공감받고 있으며 안전하다고 느끼면 전반적인 정서적 균형을 이룰 수 있습니다. 이런 느낌이 들면 기쁨, 사랑, 희망, 감사처럼 저울의 균형을 맞추거나 저울을 반대쪽으로 기울일 수 있는 가장 흔한 긍정적 감정을 더 쉽게, 또 바로 느낄 수 있으니까요. 이번에는 위에서 소개한 제 고객들의 사례 중 하나를 더 자세히 살펴보겠습니다.

+ 사례 연구 +

"아이를 도무지 종잡을 수 없어요." 타냐는 다섯 살 아들 테일러가 폭발하는 것을 막으려면 기분에 따라 시도 때도 없이 달라지는 아이의 요구를 계속 맞춰줘야 한다고 설명했습니다.

타냐는 아이에 관해 걱정해야 할 부분이 있는지 오랫동안 고민하다가 저를 찾아왔다고 했습니다. 타냐의 말에 따르면 테일러는 매우 활동적이고 잠시도 가만히 있지 못하며 늘 자기가 하고 싶은 대로 해야 직성이 풀리는 아이였습니다. 주변에서는 이렇게 기운이 넘치는 시기도 언젠가는 지나간다는 말을 많이 해주었지만, 타냐의 어머니를 비롯한 다른 사람들은 아이가 학교에 들어가기 전에 흥분을 가라앉히고 행동을 수정할 필요가 있다고 조언했습니다. 타냐는 테일러가 참 좋은 아이이고 얼마나 다정하고 상냥한지 모른다며 울먹였습니다(저도 분명 그러리라 생각했습니다).

타냐와 제가 가장 먼저 함께 살펴본 것은 인식이었습니다. 타냐는 다른 사람들, 특히 어머니의 의견이 자신을 무겁게 짓누르고 있다는 사실을 깨달았습니다. 여러 의견을 접할수록 더 혼란스럽기만 하고 왠지 실패하고 있다는 느낌이 든다는 결론에 이르렀습니다. 저희는 다른 사람들의 의견을 존중하되 한쪽으로 제쳐두기로 했습니다. 앞서 살펴봤듯 행동을 받아들이고 이해하고 해석하는 방식은 저마다 다르니까요. 타냐는 아들이 행복하고 안정되기를 바랄 뿐이라고 털어놓았

1장 인식, 마음가짐과 거울 효과

습니다. 저는 테일러가 제 생각을 분명히 표현할 수 있다면 엄마가 행복한 것 같은지 묻는 말에 뭐라고 대답할 것 같냐고 물었습니다. 타냐는 그럴 때가 별로 많지 않다고 말할 것 같다고 했습니다. 그러고는 요즘 스트레스를 많이 받아서 그렇지, 테일러가 더 안정되고 나면 마음이 훨씬 더 편하고 행복할 것이라고 서둘러 덧붙였습니다.

사람은 기분이 나쁘면 즐거울 때만큼 제 능력을 발휘할 수 없습니다. 아들이 행복하다는 확신이 있으면 자신도 행복해질 거라는 말은 사이드 브레이크를 걸고 운전하겠다는 말과 같습니다. 차가 움직이고 있고 목적지에 결국 도착하기는 하겠지만, 무척이나 길고 불편한 여정이 될 것입니다. 운전하기 전에 사이드 브레이크를 풀면 가는 길이 대체로 훨씬 더 수월하고 빨라질 것입니다. 저는 타냐에게 아이들은 관찰과 모방을 통해 가장 많이 배우므로 내가 행복하지 않으면 아이가 행복하도록 지원하기가 더 어렵다는 사실을 상기시켰습니다. 그러면 목적지에 결국 도착할 수 있을지는 몰라도 시간이 훨씬 오래 걸리고 오르막길을 오르는 것처럼 힘겨울 거라고 말이지요. 반면 타냐가 아들이 누리기를 그토록 간절히 바라는 행복을 직접 보여준다면 여정은 훨씬 더 순조로울 것이었습니다.

테일러는 나름의 방식으로 정서적 연결과 균형을 추구하고 있었습니다. 테일러는 여느 아이들처럼 누군가 봐주고 들어주고 있으며 안전하다는 느낌을 받고 싶어 했습니다. 종잡을 수 없는 행동을 했던 것도 그래서였습니다. 바람직하지 않은 행동을 할 때마다 엄마가 스트레스를 많이 받으며 힘들어한다는 것을 분명 알았고 자신도 기분이 좋지 않지만, 엄마가 봐주고 들어주리라는 것은 확실하니 단기적으로나마 정서적 욕구를 채울 수 있었습니다. 그리고 매번 같은 일이 일어난다는 확신 속에서 안전감을 느꼈습니다. 이런 경우는 아이들에게 매우 흔합니다. 테일러가 그랬듯 사람들이 잠시나마 봐주고 들어주며 바람직하지 않은 행동 패턴이 안전감을 주기 때문에 욕구가 더 빠르게 충족되는 것입니다. 테일러는 일시적이고 바람직하지 않은 방법으로나마 감정 저울의 균형을 스스로 맞추려고 필사적으로 노력하고 있었고, 이런 행동이 수년 동안 계속되고 심해진 이유는 행동 자체는 바람직하지 않을지 몰라도 다음에 어떤 상황이 벌어질지는 예측할 수 있었기 때문이었습니다(예측 가능성은 알 수 없는 상황보다 안전하게 느껴질 수 있습니다). 이 사실을 이해한 타냐는 테일러가 정서적으로 균형을 잡을 수 있게 지원할 수 있었고, 테일러는 엄마의 지원을 예측할 수 있게 되면서 안정감과 안전감을 얻었습니다. 결국 테일러는 더 이상 바람직하지 않은 방식으로 욕구를 충족할 필요가 없어졌으며 행동도 크게 개선됐습니다.

아이들은 대개 자기가 유일하게 아는 나름의 방식으로 정서적으로 연결되고 싶은 욕구를 채우려 할 것입니다. 그러면서 바람직하지

1장 인식, 마음가짐과 거울 효과

않은 행동을 하게 되더라도 말입니다. 특정 행동이 패턴이 됐거나 반복되고 있다면, 그 행동을 했을 때 잠깐이나마 욕구가 더 빠르게 충족된다는 것을 알고 있고 예측할 수 있기 때문입니다. 이때 아이가 느끼는 기분은 아드레날린이 솟구칠 때와 비슷합니다. 당시에는 들뜨고 흥분되다가 만족감이 급격히 떨어지면서 이전보다 기분이 훨씬 더 나빠집니다. 더 들뜬 기분을 느껴보려고 해도 이런 기분은 지속될 수 없으므로 들뜰 때는 한없이 들떴다가 가라앉을 때는 또 한없이 가라앉게 됩니다.

읽으면서 뜨끔했던 부분이나 내가 아이에게 했던 반응이나 대응에 의문을 품게 되는 내용이 있었다면 기억하세요. 탓할 것도 부끄러워할 것도 없습니다. 거울 효과를 인식하고 인식이 바뀌면 행동도 따라 바뀐다는 사실을 이해하는 것만으로도 행동 지원의 매우 큰 첫걸음을 내디딘 것입니다.

인식의 투영

우리는 아이의 '행동'을 바꾸려 할 것이 아니라 행동으로 나타나는 아이의 '감정'에 대응하는 방식을 바꾸는 것에 초점을 옮겨야 합니다. 그러면 나의 감정과 정서적 균형을 점차 능숙히 다룰 수 있게 될 뿐 아니라 정서적으로 균형 잡힌 모습을 모델링하며 아이의 행동에 긍정적인 영향과 도움을 일관되게 줄 수 있습니다.

'옳은' 것이 무엇인지 아는 일은 아이들에게 매우 혼란스러울 수 있습니다. 목소리가 가장 큰 사람 말을 들어야 할까요, 아니면 가장 단호하거나 엄하거나 재밌는 사람 말을 들어야 할까요? 부모님의 말씀이나 신념이 선생님과 다르다면, 또는 그 반대의 경우라면 어떻게 해야 할까요? 어느 장단에 춤을 춰야 할지 어떻게 결정할까요? 이런 식이라면 실망하는 사람이 늘 나올 텐데 말입니다. 대신 우리는 아이가 제 감정을 이해하고 정서적으로 더 균형 잡힌 사람이 되어서 자신만의 관점을 깨닫고 더 바람직한 방식으로 소통하도록 지원할 수 있습니다. 아이가 가족, 학교 공동체, 사회라는 집단의 일원인 동시에 개인으로서 원하는 사람으로 성장할 수 있도록 말이지요.

교사나 부모의 지원이 얼마나 효과적인지는 아이의 현재 상태를 얼마나 잘 이해하고 있는지에 달려 있습니다. 아이를 나의 관점에서만 가르친다면 끊임없이 노력해도 실제로는 아무런 진전이 없다는 느낌이 들지도 모릅니다. 내가 아이의 행동을 어떻게 인식하는지는 결국 아이를 지원하는 방식에 영향을 미칩니다. 처음에는 아이가 요구가 많다거나 남의 행동을 통제하려는 경향이 있다고 인식했더라도 인식을 바꾸면 아이가 감당할 수 없다고 느껴지는 상황에서 통제'감'을 추구하고 있다는 것을 이해할 수 있습니다.

1장 인식, 마음가짐과 거울 효과

저는 로이라는 선생님과 상담을 시작했습니다. 로이는 맷이라는 학생과 관계를 어떻게 풀어나가야 할지 몰라 난감해하고 있었습니다. 맷은 교실에서 걸핏하면 큰 소리로 떠들거나 선생님이 말하는 도중에 제 할 말을 했고 말을 걸면 눈을 치켜뜨거나 다른 곳을 보며 딴청을 피웠습니다. 그래서 로이는 맷이 건방지고 버릇없다고 인식했습니다.

저는 로이가 스트레스가 많은 상황을 헤쳐 나갈 수 있도록 도우면서 자신의 인식을 의식적으로 자각하고 아이의 행동을 소통의 한 형태로 보게 하려고 노력했습니다. 이 상황에서 맷은 관심을 받고 싶어 하는 것이 분명했습니다. 그동안 누군가 봐주고 들어준다는 느낌을 받지 못한 탓에 인정받는 기분을 느끼고 싶어 했을지도 모릅니다. 인정받거나 주목받으면 자신이 가치 있게 느껴졌고, 아무도 자기를 봐주지 않는다는 느낌이 들면 자신감과 자기 가치감이 무너져 내렸던 것입니다.

로이는 제가 5C라고 부르는 전략(소통Communication, 평정심Calm, 호기심Curious, 교감Connect, 전달Convey)(71쪽 참조)을 지도받고 나서 자신의 인식과 맷의 행동에 관한 생각을 바꾸기 시작했습니다. 로이는 맷의 행동이 정서적 연결의 욕구를 소통하고 있다는 것을 이해했습니다. 맷이 교실에 들어올 때면 이 점을 염두에 두고 평정심을 유지했습니다. 그 순간을 아이가 배우고 성장할 수 있게 지원할 기회로 인식했기 때문입니다. 이것은 효과적인 행동 지원에 필요한 마음가짐입니다. 로이는 맷에게 화를 내는 대신 호기심을 가지게 됐고 맷이 느끼고 싶어 하는 감정이 무엇일지 곰곰이 생각했습니다. 부정적 감정이 부정적 행동으로 나타날 수 있다는 점을 상기하며 이런 사고를 반복해서 연습했습니다.

저는 이 과정을 돕기 위해 맷이 지금 하는 행동으로 얻으려고 하는 감정이 무엇인지 생각해보라고 로이에게 요청했습니다. 그런 뒤 이런 감정의 반대 감정을 떠올려보라고 제안했습니다. 바로 그 감정이 맷에게 결핍되어 있고 따라서 맷이 찾고 있는 감정일 가능성이 높았기 때문입니다. 이 경우 맷이 반에서 오락부장 역할을 하며 건방지고 버릇없게 행동하는 것은 그런 행동을 통해 잠시나마 인정받는 기분과 자기 가치감을 느끼려는 것일 수 있었지요.

다음으로 로이는 누군가 봐주고 들어주기를 바라는 맷의 욕구를 채워주며 맷과 교감하고 감정의 균형을 잡아줄 수 있을지 고민했습니다. 로이는 맷이 교실에 있는 모든 사람에게 인정받고 싶은 욕구를 느끼기 전에 맷을 먼저 인정해주기로 했습니다. 수업 외 시간에 맷에게 말을 걸어 이러이러한 주제를 정말 잘 알고 있던데 반 아이들 앞에 나서서 아는 내용을 공유해주지 않겠느냐고 물었습니다. 마지막으로 로이는 맷과 함께 수업하는 것이 기쁘다는 메시지를 모델링으로 계속 전달했습니다. 맷이 선을 넘는 행동을 하거나 오래된 행동 패턴으로 되돌아갔을 때도 (맷의 행동과 관계없이) 맷을 봐서 기쁜 마음을 유지하며 정서적으로 균형 잡힌 모습을 보여주었습니다. 로이는 학교 일과 중 수업 외 시간에 맷과 계속 일대일로 대화를 나누며 직업적으로 적절한 선에서 정서적 연결감을 꾸준히 쌓아갔습니다.

　　로이가 인정과 가치감의 욕구를 채워주자 맷은 시간이 지나면서 행동을 수정했습니다. 로이는 이 과정을 2보 전진 1보 후퇴라는 말로 표현하기도 했지만, 가르치고 배운다는 것이 원래 이런 모습이라는 점을 새로운 관점에서 이해했습니다. 가장 중요한 순간은 1보 후퇴할 때와(이때 로이는 맷이 어떤 행동을 하든 정서적 균형을 유지했습니다) 일대일로 정서적 연결감을 쌓을 때라는 것을 알게 됐고 자신을 절대 탓하거나 부끄러워하지 않았습니다. 이런 순간에 로이는 맷이 기존의 부정적 행동의 순환을 끊을 수 있도록 지원했습니다. 맷은 로이의 지원을 받아들일 때 욕구가 더 빠르게 충족된다는 것을 깨달았습니다. 예전에는 선생님이 자신의 무례한 태도에 어떻게 반응할지 안다는 것에서 정서적 안전감을 느꼈다면, 이제는 욕구가 더 빠르게 충족된다는 것에서 더 큰 정서적 안전감을 느꼈습니다. 맷은 자기가 겉으로 보이는 행동에도 불구하고 선생님이 평정심을 유지하는 모습을 보며, 또 선생님이 학교 일과 중에 자기와 일대일로 만나는 것을 여전히 즐거워한다는 사실을 깨달으며 자신 역시 이런 감정들을 느끼고 감정 저울을 기울여도 안전하다는 것을 배웠습니다.

5C

신념은 같은 방식으로 반복하는 생각일 뿐입니다. 행동 지원의 첫걸음으로서 인식을 바꾸려면 생각을 바꾸는 연습을 해야 합니다. 우선은 아이와 시간을 보낸 뒤 대화의 내용을 돌아보며 5C를 연습해봐도 좋을 것입니다. 그 순간에 연습하는 것이 처음에는 어려울지도 모르니까요. 그래도 괜찮습니다(탓할 것도 부끄러워할 것도 없습니다).

- **소통**Communication: 아이의 행동은 정서적 연결의 욕구를 소통하고 있습니다.
- **평정심**Calm: 이 순간은 가르치고 배울 기회입니다.
- **호기심**Curious: 아이가 느끼고 싶어 하는 감정은 무엇일까요?
- **교감**Connect: 아이의 정서적 욕구를 어떻게 채워줄 수 있을까요?
- **전달**Convey: 이 순간 아이의 관점에서 내 행동이 어떻게 보일까요?

저는 책 곳곳에서 5C를 언급하며 구체적인 상황에 맞게 내용을 추가했습니다. 이 페이지에 나와 있는 5C의 내용을 원하는 만큼 자주, 또는 복습이 필요할 때마다 다시 살펴보세요. 나중에 나올 확장된 버전으로 넘어가기 전에 기본적인 내용을 숙지하는 것이 중요합니다.

모든 아이는 긍정적인 면이 '반드시' 있다

사람들은 대개 행동 수정을 갑작스럽거나 눈에 보이는 큰 사건으로 생각하지만, 꼭 그럴 필요는 없습니다. 인식을 바꾸는 것은 행동 지원에서 가장 강력하고 효과적인 첫걸음입니다. 우리에게는 마음을 바꿀 힘이 있습니다. 오랫동안 한 가지 방식으로 생각했다면 생각을 바꾸고 인식을 유연하게 가져봐도 괜찮습니다. 아이가 다르게 생각하고 다르게 행동하기를 바란다면 우리도 그렇게 할 수 있어야 합니다. 문제에만 초점을 맞추면 어디서든 어떤 상황에서든 문제가 눈에 띄기 '마련'입니다. 관점을 바꿔서 아이가 바람직하지 않은 행동을 하는 매 순간을 가르치고 배울 기회로 바라보면 현상에 대한 인식이 바로 달라집니다. 그러면 상황은 바로 개선되기 시작할 것입니다. 행동 지원에서 가장 힘든 부분은 그 과정에서 느끼는 기분인 경우가 많으니까요.

그러니 바람직하지 않은 상황이나 행동을 아이가 성장하는 과정의 일환으로 생각하는 연습을 한다면 그 순간에 느끼는 기분이 달라질 수 있습니다. 물론 아이에 따라 다를 수는 있습니다. 아이들은 저마다 다른 방식과 이유로 정서적 연결을 추구하기 때문입니다. 하지만 아이들은 누구나 자신이 이미 충분히 좋은 사람이며 어른들은 그저 여기서 더 잘할 수 있게 돕는 것일 뿐이라는 관점에서 지원받아야 합니다. 나쁜 사람을 좋은 사람으로 만드는 것이 아니라, 좋은 사람을 더 좋은 사람이 될 수 있게 돕는 것이라고 인식하세요. 모든 아이에게는 긍정적인 면이 '반드시' 있습니다.

- 우리는 똑같은 행동이나 상황을 보면서도 저마다 다르게 인식할 수 있습니다.

- 부정적 감정은 부정적 행동으로 나타날 수 있습니다.

- 바람직하지 않은 행동은 정서적 균형을 맞춰야 한다고 알려주는 신호입니다.

- 아이들은 누군가 봐주고 들어주고 있으며 안전하다는 느낌을 받아야 합니다.

- 아이들은 듣는 것보다 보는 것에서 더 많이 배웁니다.

- 행동 지원은 실행해야 할 전략의 목록이 아니라 마음가짐에서 시작됩니다.

어른들의 의견이
일치하지 않는다면?

아이를 어떻게 하면 가장 잘 지원할 수 있을지를 두고 어른들의 견해가 엇갈리는 것은 흔한 일입니다. 부모(따로 살든 함께 살든), 교사, 양육자, 중요한 조력자 간에 의견이 다를 때가 종종 있습니다. 저마다 제 인식이 옳다고 생각하니, 내 방식이 더 낫다고 설득하려 하면 힘들어질 수 있습니다. 이럴 때는 우선 상대방이 그렇게 인식하는 이유가 무엇인지, 어떤 배경(성장 환경이나 과거 경험 등) 때문인지 이해하려 해 보세요. 서로 다른 인식과 그런 인식이 존재하는 이유에 마음을 열면 내가 동의하는 의견이 있는지 더 잘 고려할 수 있습니다. 견해차가 도무지 좁혀지지 않는다면 모두가 동의할 수 있는 목표를 세우는 것부터 시작하세요. 즉 당사자인 아이에게 필요한 정서적 확신과 안전감, 안정감, 지원을 주기 위해 일과와 한계, 기대를 수립하고 사려 깊은 언어를 생활화하자는 것입니다. 어른들이 이 항목들을 실천하고 있다면 방식이 서로 다른 정도는 괜찮습니다. 그래도 아이는 발전할 수 있으니까요. 혹시 잘 지키지 못하고 있더라도 괜찮으니 안심하고 내가 통제할 수 있는 것에 집중하세요. 부드러운 지도법은 일관성 있게 실행하면 영향력이 크므로, 다른 어른들이 무엇을 하든 (또는 하지 않든) 아이가 조금씩 발전하는 모습을 볼 수 있을 것입니다.

다음에 나오는 제언들은 책 전반에 걸쳐 더 자세히 다뤄지므로 참조된 페이지에서 더 많은 내용을 확인해보세요. 먼저 책을 끝까지 읽은 뒤 돌아와서 부드러운 지도법을 실천해보시는 것을 추천합니다.

· 일과와 언어: 규칙적인 일과와 사려 깊은 언어는 아이에게 정서적 확신과 지원을 줍니다. 아이와 '함께' 일과를 짜면 환경에 따라 일과가 달라지더라도 아이는 여전히 정서적 확신을 느낄 수 있습니다. 두 환경에서 보내는 일과가 서로 달라도 일관성이 있으면 가장 좋겠지만, 한 환경에서 보내는 일과라도 일관성이 있으면 전혀 없는 것보다 나으니 걱정하지 마세요. 선택의 언어(281쪽)를 사용해서 안전한 통제권(134쪽)을 주며 아이가 앞으로 지켜야 할 일

Part1 아이를 지원하기 위한 마음가짐 갖기

과를 정하는 일에 참여하게 하세요.

- 보상과 결과: 아이가 제 감정을 명확히 인식하고 안정감을 느낄 수 있도록 '이러이러한 행동을 하면 어떻게 되는지', 즉 사전에 동의한 한계나 기대를 어기면 어떤 '결과'(다른 사람들의 표현에 따르면 '대가')가 따르는지 아이가 기분이 좋을 때 함께 이야기를 나누세요. 선택의 언어(281쪽)를 사용해서 아이를 의사 결정에 참여하게 하세요. 다시 말씀드리지만, 환경에 따라 보상과 결과의 내용은 달라질 수 있습니다. 중요한 것은 각 환경에서, 이것이 어렵다면 최소한 한 환경에서라도 일관성을 지키는 것입니다.

- 한계와 기대: 한계와 기대(277쪽)는 정서적 안전감과 안정감을 줍니다. 아이가 한계를 이해하고 기대를 충족할 수 있게 지원하세요. 사전에 동의한 일과를 그림으로 나타낸 시간표를 보여주며 한계와 기대의 목적을 설명해주는 것도 좋은 방법입니다(환경에 따라 시간표가 다소 다르더라도 괜찮습니다).

- 정서적 연결: 앞 항목들을 실천하는 방식이 어른에 따라 다르다면, 아이를 가장 많이 지원하는 요소는 정서적 연결(170쪽)이 될 것입니다.

부드러운 지도법

2장
생각-감정-행동의
순환

헬리콥터를 타고 아래에 있는 수백 대의 차를 내려다본다고 상상해 보세요. 하늘 높이 떠 있는 관점에서 수많은 도로 위에 차들이 줄지어 선 모습은 사이사이 펼쳐진 푸른 들판과 대비를 이루며 아름답게 보일 것입니다. 도시의 전경을 보면 차들은 큰 그림에 아름다움을 더하는 한 부분일 뿐이라는 생각이 들 수 있습니다. 이렇게 생각하면 마음이 평온해집니다. 헬리콥터를 타고 있는 것이 행복하고 감사하게 느껴지며, 멋진 경험을 하게 해준 조종사에게도 감사한 마음이 듭니다.

이번에는 지상으로 내려와 도로 위에 있는 차를 타고 있다고 상상해보겠습니다. 앞에 보이는 것이라고는 줄줄이 늘어선 차들뿐이고, 이런 풍경이 아름답다는 생각은 도무지 들지 않습니다! 사실 이런 순간에 누가 도로를 가득 메운 차들을 아름답다고 묘사할 수 있는지 이해가 되지 않을 것입니다. 이 관점에서는 끝도 보이지 않는 차량 행렬에 영영 갇혀 있을 것만 같은 느낌이 들 것입니다. 답답하고 성질도 나서, 누가 앞에 끼어들려고 하면 "어디서 새치기하려고? 자기가 뭐라도 되는 줄 아나? 남들처럼 줄을 서라고!"라고 소리치겠지요.

아이의 삶에서 어떤 역할을 맡고 있든 간에 차가 막힐 때처럼 한창 힘든 상황에 갇혀 있을 때는 끝도 희망도 없는 것처럼 느껴질 때가 종종 있습니다. 그 상황에서는 당연히 그렇게 인식할 수 있으며, 자신이 인식한 문제와 너무 가까울 때는 어려움이 매우 극심하게 느껴질 수 있습니다.

+ 사례 연구 +

곧 열세 살이 될 앨릭은 아버지인 크레이그의 지시에 따르기를 거부하고 있었습니다. 아들이 말을 듣지 않고 이의를 제기하며 정면으로 맞설 때면 크레이그는 통제력을 잃은 듯한 느낌이 들었습니다. 화가 치밀었고 당혹스럽기까지 했습니다.

저는 상담을 시작하면서 크레이그가 몇 발짝 물러나 전경, 즉 아이의 전체 모습을 바라볼 수 있게 독려했습니다. 크레이그는 자신이 문제로 인식한 부분뿐 아니라 아들의 매력과 강점, 결단력을 볼 수 있었고, 이런 면을 보며 관점을 바꿀 수 있었습니다. 이제는 지시를 따르거나 시킨 대로 하지 않으려고 하는 아들이 강하고 독립적인 사람으로 보였지요. 크레이그는 이렇게 생각했습니다. '아이가 왜 내 방식대로 하기 싫어할까? 훨씬 더 나은 다른 방식이 있어서 그런 걸까? 이 특성을 어떻게 키워주면 아이가 리더로 성장할 수 있을까? 팔로워가 아닌 리더 기질이 있다는 건 살아가는 데 큰 도움이 되는 진정한 강점이야. 이 강점을 더 바람직한 방식으로 활용할 수 있게 지원해주고 싶다.'

인식은 생각과 감정, 행동과 직결됩니다(신경과학적 근거에 관한 정보를 더 보시려면 '인지 삼각형cognitive triangle'을 검색해보세요). 위에서 살펴봤듯 차들이 아름다운지 아닌지에는 한 가지 진실만 있는 것이 아니라 똑같이 타당하고 제각기 당연한 두 가지의 다른 관점이 있을 뿐입니다. 이것은 행동도 마찬가지입니다. 부모 간이든 다른 가족 간이든 전문가 간이든 어른과 아이 간이든 사람들은 서로 현상을 다르게 인식하며 대부분 자신의 인식이 옳다고 생각합니다!

저는 여기서 행동에 관해 무엇이 옳거나 그른지 말하려는 것이 아닙니다. 사실 이것은 제 접근법 자체와 맞지 않습니다. 저는 당신이 아이를 지원하면서 서로 다른 인식들과 이런 인식들이 개개인의 생각과 감정, 행동에 직접적으로 영향을 미치는 방식을 의식적으로 알아채기를 독려하려 합니다. 다른 인식이 있다는 것을 받아들이면 더 많은 선택지에 마음이 열리게 되어 결국 더 많은 해결책을 찾을 수 있습니다. 또한 어떤 순간에 다른 사람, 그중에서도 가장 중요한 내 아이가 무언가를 어떻게, 왜 다르게 인식하는지 볼 수 있게 됩니다. 일단 이 관점에서 '볼' 수 있게 되면 생각하고 느끼고 대응하는 방식이 완전히 달라질 수 있으며, 아이와 나에게 모두 이로운 거울 효과를 새롭게 만들어낼 수 있습니다. 10장에 실린 자료를 활용하면 생각-감정-행동의 순환(299쪽 참조)을 확인하는 데 도움이 될 것입니다.

모든 감정을 수용하라

아이가 어떤 감정을 느끼는 것에는 전혀 문제가 없습니다. 내가 아이를 지원하는 어른으로서 아이가 특정한 감정을 느낄 때 바람직하지 않은 행동을 하지 않기를 바랄 뿐입니다. 아이를 통제하려는 욕구가 목표가 되어서는 안 된다는 점을 기억하세요. 내가 이렇다면 탓하지도 부끄러워하지도 말고 왜 그런지 부드럽게 자문해보세요. 자신의 신념을 돌아보는 것은 괜찮지만(이것도 행동 지원 과정의 한 부분입니다) 지금 당장 내 행동을 자세히 들여다보기가 어렵거나 불편하게 느껴진다면 그것 또한 괜찮으니, 책을 내려놓았다가 준비가 됐을 때 다시 살펴보시면 됩니다.

이 책을 쓰고 있는 지금 저는 십 대 아이 둘을 키우고 있고, 교육 분야에서 일하며 아이들을 지원한 지는 20년가량 됐습니다. 그렇다고 해도 교육이나 아동에 관해 알아야 할 것을 전부 알고 있지는 않다고 솔직히, 또 기꺼이 말씀드릴 수 있습니다. 저는 지식을 넓히고, 배우고, 사람들과 협업하는 것을 정말 좋아합니다. 매번 모든 일을 '제대로' 하지는 못하지만, 자신을 탓하거나 부끄러워하지는 않습니다. 저는 제가 돌보는 아이들이 저의 이런 면을 알고 또 봐주었으면 합니다. 죄책감이나 수치심, 실패감은 도움이 되지 않습니다. 이런 감정을 품고 있으면서 어떻게 아이들에게는 실수해도, 마음을 돌려도, 일을 하는 방식을 바꿔도 괜찮다고 가르칠 수 있을까요?

대처 기제

자기 비판적 태도에서 벗어나면 매우 큰 힘을 얻을 수 있지만, 제가 늘 이렇게 해방감을 느꼈던 것은 아닙니다. 제가 기억하기로 저는 아주 어렸을 때부터 무엇이든 다 '완벽'하기를 바랐습니다. 방을 '완벽히' 정리한 다음 "이제부터 시작이야"라고 소리 내어 말했던 기억이 나네요. 전부 완벽하게 깔끔히 정돈됐으니 그 순간부터 모든 것이 제자리에 있다는 느낌, 즉 찰나에 불과한 '완벽'의 느낌을 유지하겠다는 뜻이었습니다. 지금 돌이켜보면 이것은 대처 기제coping mechanism

일 뿐이었습니다. 제가 견디고 있던 폭력을 **생각**하면 정서적으로 안전하지 않다는 **감정**과 무력감을 느꼈고, 그래서 완벽한 환경을 만드는 **행동**을 하며 잠시나마 안전감과 통제감을 느꼈던 것입니다. 아이들은 지금도 그렇지만 어른이 되어서도 모두 나름의 대처 기제를 개발할 것이며, 이런 대처 기제는 겉으로 더 드러나는 것도 있고 제 경우처럼 더 숨겨져 있기도 할 것입니다. 저마다의 사고 과정과 상황에 따라 다른 행동으로 나타나겠지요. 예를 들어 어떤 생각이 떠올라 불안해지면 손톱을 물어뜯을 수도 있고, 머리카락을 배배 꼴 수도 있으며, 말을 너무 많이 하거나 할 말을 아예 잃을 수도 있습니다. 사람에 따라서는 좌절감을 금방 느끼게 되거나 쉽게 화를 낼지도 모르며, 불편한 감정에서 주의를 돌릴 만한 불평거리나 억눌린 감정을 표현할 수단을 찾을 수도 있을 것입니다.

생각-감정-행동의 순환

+ 사례 연구 +

오래전 학교에서 일할 때 리아라는 동료 교사가 있었습니다. 리아는 인생이 잘 풀리고 있다는 생각이 들고 긍정적인 감정을 느낄 때면 유능한 교사의 면모를 행동으로 보여주었습니다. 재밌고 카리스마가 넘쳤으며, 아이가 바람직하지 않은 행동을 보여도 동요하지 않고 지원할 수 있었습니다. 생각-감정-행동의 선순환에 들어서 있을 때는 마치 헬리콥터에 탄 것처럼 아이의 전체 모습을 볼 수 있었습니다.

리아는 소피라는 학생을 특히 잘 지도했습니다. 소피는 선생님들이 자기를 다른 아이들만큼 좋아하지 않는다고 생각할 때가 있었고, 그럴 때면 자기가 그만큼 똑똑하거나 공부를 잘하지 못해서 그렇다며 "난 멍청해", "난 바보야" 같은 말을 내뱉었습니다. 리아는 소피의 생각과 감정이 인식의 영향을 받아 바람직하지 않은 행동으로 나타날 때가 있다는 것을 소피의 관점에서 이해했습니다. 소피의 행동은 리아에게 영향을 미쳤고 소피의 감정이 자신이나 타인에게 공격적인 말을 하는 것과 같은 방식으로 표현하는 것을 원치 않았지만, 그렇다고 감당하기 버겁거나 (막히는 도로 위 차 안의 관점에서처럼) 끝이 없는 것 같은 느낌이 들지는 않았습니다. 소피가 선생님이 미우니 저리 가라고 소리칠 때도 행동 너머에 있는 아이에게 집중할 수 있다는 것을 잊지 않았습니다. 리아는 소피가 배려심과 정이 넘치고 예술에 큰 재능이 있으며 잠재력이 정말 많은 아이라는 사실을 여전히 볼 수 있었습니다.

하지만 두 사람의 관계는 리아에게 개인적으로 힘든 일이 생겼을 때 함께 흔들렸습니다. 당시 리아는 파경 위기를 겪고 있던 터라 무척 심란한 시기를 보내고 있었습니다. 결국 남편이 18개월가량 뒤에 떠나기 전까지 큰 스트레스에 시달렸습니다. 이 시기에 리아는 전날 밤 집에서 남편과 다퉜던 기억이 생각나 무기력하고 혼란스럽고 지친 감정을 느끼며 출근할 때가 종종 있었습니다. 그렇게 학교에 왔는데 소피가 바람직하지 않은 행동을 하고 있으면 바로 눈앞에 있는 것만 보고 대응할 수 있었습니다. 마치 출구가 보이지 않는 최악의 교통 체증에 갇힌 것처럼 어디를 보든 문제가 눈에 들어왔습니다. 리아는 반 아이들에게 "너희 오늘 왜 이렇게 시끄럽니!"라고 쏘아붙이곤 했습니다. 그런가 하면 제게는 "오늘 실내 공기가 너무 답답하네요"라고 말했고, 동료 교사들에게는 "오늘 레비 선생님이 저한테 너무 무례하셨어요"라고 털어놓는 행동을 보였습니다. 물론 소피를 대할 때도 목소리가 약간 커졌고, 몸짓이 좀 더 경직됐으며, 표정도 그만큼 엄해졌습니다. 무엇보다 인내심이 훨씬 더 빠르게 바닥났습니다.

리아가 자기 감정에 대처하는 방식은 억눌린 감정을 불평으로 표현하는 것이었습니다. 리아의 잠재의식 속에서는 직장에서 눈물을 펑펑 쏟아내는 것보다 이편이 더 낫고 안전하게 느껴졌기 때문입니다. 우리는 저마다 다른 행동을 대처 기제로 삼고 있습니다. 그저 힘든 상황에 대처하려고 한다는 관점에서 이해하면 탓할 일도 부끄러워할 일도 아닙니다. 하지만 중요한 것은 대처 단계를 지나가는 것이며, 그러려면 먼저 '의식적' 자각이 필요합니다(의사소통의 93퍼센트가

　　　　　　　　　　　　　2장 생각-감정-행동의 순환

잠재의식에 따라 이루어진다고 하니 더더욱 그렇지요. 이 점은 나중에 더 살펴보겠습니다). 또한 생각이 가진 힘과 생각이 감정과 행동에 미치는 영향을 이해해야 합니다. 그러면 어떤 상황이 생겼을 때 헬리콥터 관점*을 취하는 것처럼 특정한 생각이나 감정이 들 때 대응하는 다양한 방법을 연습할 수 있습니다.

내가 대처 전략으로 삼고 있는 행동이 무엇인지 생각해보세요. 당장은 알지 못할 수도 있고 의식적으로 알아차리는 데 시간이 걸릴지도 모르니, 앞으로 몇 주 동안 시간을 내서 내가 불편한 생각과 감정에 어떻게 대처하는지 돌아보시기를 바랍니다. 막히는 도로 위 차 안의 관점일 때 나는 어떻게 행동하거나 반응하고 있을까요? 그리고 기억하세요. 탓할 것도 부끄러워할 것도 없습니다. 제가 리아와 대화를 나눴을 때 리아는 처음에 모든 내용을 완강히 부인하며 업무 외적인 일이 업무에 지장을 주게 하지 않는다고 항변했습니다. 하지만 '탓할 것도 부끄러워할 것도 없다'라는 말을 듣고 안심한 뒤에는 제게 마음을 터놓았고, 자신의 생각과 감정이 행동에 미묘한 영향을 미치고 있다는 사실을 소피와 동료들의 관점에서 볼 수 있었습니다. 이 영향은 소피와 다른 사람들이 감지하기에 충분했고, 따라서 거울 효

★ 일반적으로 알고 있는 아이의 일에 지나치게 간섭하며 과잉보호하는 '헬리콥터 맘', '헬리콥터 부모'와는 다른 의미이다. 이 책에서는 큰 그림을 보고 아이의 행동을 지원하고 발전시킬 수 있는 관점을 의미한다. -옮긴이

Part1 아이를 지원하기 위한 마음가짐 갖기

과를 만들어냈습니다. 물론 이 시기에 누구보다 힘들었던 사람은 리아와 소피였습니다.

이렇듯 생각-감정-행동의 순환을 자각하면 아이를 더 효과적으로 지원하는 방법을 더욱 잘 이해할 수 있어 매우 큰 힘이 될 수 있습니다. 내 행동이 거울 효과를 만든다는 점과 주변 사람들(어른들과 아이들)이 내가 생각하는 것보다 나의 마음 상태를 더 민감하게 감지할 때가 많다는 점을 상기할 수 있었습니다. 그렇다고 해서 개인적인 문제를 회사에 가져오는 일이나 인생의 한 영역에서 일어나는 힘든 일이 다른 영역에 영향을 주는 경우가 절대 없을 거라는 뜻은 아닙니다 (우리는 로봇이 아니니까요). 어쨌든 인생에서는 예기치 않은 시련이 일어나기 마련이니 말입니다. 다른 사람이 정서적 욕구를 충족할 수 있게 도울 때는 '나' 역시 지지받고 있다고 느끼는 것이 중요합니다. 이유는 나중에 155쪽에서 살펴보겠습니다.

완벽이 아닌 발전을 추구하라

리아는 저와 대화를 나눈 뒤 처음에는 부정적인 생각-감정-행동의 순환에 빠져 있던 날을 돌아보며 자신에게 꽤 큰 좌절감을 느꼈습니다. 자신도 불안정한 상태에서 소피를 정서적으로 안정시키기가 어렵다는 사실을 깨달았지요. 리아는 (제가 어린 시절 방을 정리할 때 그랬듯) 완벽을 추구했고, 그래서 항상 낙심했습니다. 왜냐하면 인생은 완벽하지 않고 앞으로도 완벽하지 않을 것이니까요. 그래도 괜찮습니다! 저는 롤러코스터 같은 인생을 살면서(저마다의 과정은 다 다를 것입니다) 타인에게 부정적인 영향을 받지 않고 내면의 안정을 찾는 법을 배워야 했습니다. 저는 여전히 배우는 중이고 앞으로도 계속 배워나갈 것입니다. 이런 관점을 아이와 갈등이 일어난 '순간'이나 이후에 연습할 때 도움이 되는 말이 있습니다. 바로 '나는 완벽이 아닌 발전을 추구한다'라는 말입니다. 이 만트라는 사람들의 다양한 관점과 그런 신념을 품게 된 배경과 이유를 이해할 수 있을 때처럼(1장 참고) 내 생각과 감정, 행동을 즉시 바꿔놓을 수 있습니다. 인생을 발전하는 과정으로 인식할 수 있고 다른 사람들이 괜찮지 않을 때도 괜찮아지는 법을 배울 수 있다면 대부분 상황에서 헬리콥터 관점을 실천할 수 있게 될 것입니다.

리아는 '탓할 것도 부끄러워할 것도 없다'라는 말을 마음속으로 계속 되뇌었고, 완벽 대신 발전을 목표로 삼으면서 자신과 자신이 지원하는 아이들 모두에게 이로운 헬리콥터 관점을 일관되게 취하기 시작했습니다.

큰 그림을 볼 수 있는 헬리콥터 관점

제가 교사로서 가장 가르치기 (그리고 배우기) 좋아하는 과목은 수학입니다. 영국 국가 교육 과정에서는 초등학교 수학 교과의 학습 목적을 이렇게 제시하고 있습니다.

> 수학은 창의적이고 상호 연관성이 높은 과목입니다. … 따라서 양질의 수학 교육은 세상을 이해하는 토대를 제공합니다. … 수학은 수학적 개념을 나타내는 여러 표현을 능숙하게 넘나들 수 있는 능력을 요구하는 상호 연관적인 과목입니다. … 대부분의 학생은 학습 프로그램을 대개 같은 속도로 이수할 수 있으리라 예상됩니다. 하지만 다음 단계로 넘어가는 시점은 학생의 이해도와 준비가 되어 있는지에 따라 결정되어야 합니다. … 이전 내용을 충분히 숙지하지 못한 학생들은 진급 전에 추가 연습 등을 통해 이해를 다져야 합니다.★

우리는 학업에 관해서라면 큰 그림을 보는 헬리콥터 관점을 기꺼이 취합니다. 수학을 잘하려면 기초적인 수학 기술을 배워야 한다는 점을 이해하고 수용하지요. 또한 학교에서 시행하는 상호 연관적인

★ Mathematics programmes of study: key stages 1 and 2, National curriculum in England, 2013, https://assets.publishing.service.gov.uk/government/uploads/system/uploads/attachment_data/file/335158/PRIMARY_national_curriculum_-_Mathematics_220714.pdf

2장 생각·감정·행동의 순환

수학 교육 과정은 해마다 핵심 기술을 반복하며 학생들이 지식과 이해를 강화할 수 있게 지원합니다. 하지만 우리는 행동 기술을 배울 때도 같은 방식으로 뇌를 훈련해야 한다는 생각을 늘 떠올리지는 못합니다(뇌는 생각과 기억, 감정은 물론 신체를 관장하는 모든 과정을 제어하는 기관으로 수학 교육 과정보다 훨씬 더 복잡한데도 말이지요). 인간의 뇌는 생각, 감정, 행동, 동작, 감각을 조정하는 수백억 개의 신경세포를 통해 온몸에 걸쳐 화학적, 전기적 신호를 자동으로 송신하고 수신합니다. 뇌의 모든 부분이 협력하기는 하나, 각 부분이 저마다 특정한 기능을 담당하며 심박수부터 기분까지 모든 요소를 제어하지요. 여기서 중요하게 언급할 점은 사람에 따라서는 개인의 인식에 영향을 주는 뇌의 변화가 있을 수 있다는 것입니다. 이를테면 트라우마가 뇌의 형태에 영향을 미칠 수도 있고, ADHD 같은 특정 질환이 있는 경우 뇌의 구성이 달라질 수도 있습니다. 이 책에서 소개하는 도구들은 뇌의 차이와 관계없이 누구나 문제 상황에서 또는 선제적으로 활용할 수 있으므로 특정한 행동이 같은 방식으로 재발할 위험을 줄이는 데 도움이 될 것입니다.

아이의 행동을 헬리콥터 관점에서 바라보라

그렇다면 행동의 학습과 발달에 관해서는 헬리콥터 관점을 취하기가 왜 더 어려울까요? 대부분은 우리가 행동을 보며 느끼는 '감정' 때문입니다. 아이가 학교에서 수학적 개념을 이해하는 데 어려움을 겪고 있다면 부끄럽거나, 당황스럽거나, 버겁거나, 무섭거나, 무력한 감정이 들지는 않을 것입니다. 이때 생각-감정-행동의 과정은 대개 아래와 비슷할 것입니다.

- 생각: 아이에게 지원/연습이 더 필요할지도 몰라, 시간이 지나면 이해하겠지, 나는 도와줄 수 없지만 도와줄 수 있는 사람을 찾아봐야겠어, 나도 어렸을 때 그걸 어려워했던 게 기억나.
- 감정: 이해심, 인내심, 평정심, 희망
- 행동: 격려/힘이 되는 언어로 말한다, 지원/조언을 추가로 구한다, 아이의 마음을 달래고 위로해준다.

하지만 아이가 행동에 어려움을 겪고 있다면 생각-감정-행동의 과정은 대개 아래와 비슷합니다.

- 생각: 남들이 나/우리 아이를 어떻게 생각할까?, 나아지기는 할까?, 내가 좋

은 부모/교사가 아니라는 뜻일까?, 아이를 위해 '싸워야겠어, 뭘 어떻게 해야 할지 모르겠어.

- 감정: 실패감, 속상함, 불안, 압도감, 조바심, 좌절, 분노, 통제력 상실
- 행동: 질책한다, 움츠러든다, 입을 꾹 다문다, 운다, 소리친다, 비난한다, 공격한다, 순응한다.

수학의 비유를 이어가며 어떻게 하면 아이에게 핵심적이고 기본적인 삶의 기술을 잘 가르쳐줄 수 있을지 살펴보겠습니다. 국가 교육 과정에 나온 표현을 다시 보겠습니다.

수학은 창의적이고 상호 연관성이 높은 과목입니다. 아이들이 학교에서 매년 새롭게 배우는 수학 지식과 기술은 앞서 배운 지식과 기술을 바탕으로 합니다. 예를 들어 구구단에 능숙하지 않으면 나중에 분수와 비율을 배우고 이해하기 어려울 수도 있습니다. 아이들이 배우는 내용은 모두 서로 연관되어 있으며, 속도와 방식은 제각기 다른 이유로 서로 다를 것입니다. 아이들이 학습에 어려움을 겪을 때 우리는 가르치고 배울 기회로 봅니다. 연습을 꾸준히 반복하게 하고 실수를 하고 바로잡을 시간을 충분히 주며 아이들을 지원합니다. 이 과정에서 아이들은 하려고만 하면 수학 실력을 향상할 방법이 있다고 느낄 수 있으며, 모델링과 자원, 인내와 이해를 바탕으로 한 지원을 받는다면 모든 일이 다 잘 되리라고 인식하며 안전감과 통제감을 느끼는 데 도움을 받을 수 있습니다.

이번에는 비슷한 관점에서 행동을 살펴보겠습니다.

'행동은 창의적이고 상호 연관성이 높습니다.' 아이들이 살면서 매년 새롭게 배우는 지식과 기술은 앞서 배운 지식과 기술을 바탕으로 합니다. 예를 들어 양보하거나 차례를 지키는 법을 아직 배우는 중이라면 학교에 들어가서 같은 반 아이들에게 양보하거나 놀이터에서 언제 어떻게 자기 차례를 기다려야 하는지 알기 어려울지도 모릅니다. 아이들이 배우는 내용은 모두 서로 연관되어 있으며, 속도와 방식은 제각기 다른 이유로 서로 다를 것입니다. 아이들이 행동에 어려움을 겪으면 이것을 가르치고 배울 기회로 봐야 합니다. 연습을 꾸준히 반복하게 하고 필요하다면 실수를 하고 바로잡을 시간을 '충분히' 주며 아이들을 지원할 수 있습니다. 그러면 아이들은 하려고만 하면 어떤 상황에서도 행동을 향상할 방법이 있다고 느낄 것이며, 모델링과 자원, 인내와 이해를 바탕으로 한 지원을 받는다면 모든 일이 다 잘 되리라고 인식하며 안전감과 통제감을 느끼는 데 도움을 받을 수 있을 것입니다.

앞 문단을 읽으면서 어떤 느낌이 드셨나요? 아마 내용이 완전히 이해되셨을 것입니다. 행동을 수학에 빗댄 설명이 논리적이고 일리가 있다고 **생각**하셨을지도 모릅니다. 아이의 행동을 헬리콥터 관점에서 더 넓게 바라보면 시간에 대한 압박이나 좌절, 분노의 **감정**은 거의 느껴지지 않을 가능성이 높습니다. 시간이 걸릴 수 있다는 점을

2장 생각-감정-행동의 순환

이해하고 아이에게 충분한 시간을 줄 때 내가 하는 **행동**이나 특정한 행동에 대한 반응은 극적으로 바뀝니다. 이렇듯 아이의 연령대와 관계없이 아이의 행동을 헬리콥터 관점에서 바라본다면 생각과 감정, 행동에 직접적이고 긍정적인 영향이 있을 것입니다. 수학적 개념을 어려워하는 아이를 볼 때처럼 생각하고 느끼고 행동할 수 있게 될 것입니다.

한 발짝 물러서는 법

아이를 큰 그림에서 보라는 말은 참 좋은데, 막상 실천하려고 하면 어떻게 해야 할지 알기 어려울 수 있습니다. 저는 부모님들이나 선생님들과 상담하면서 헬리콥터 관점을 취하는 방법을 종종 알려드립니다. 헬리콥터 관점은 지속가능한 행동 지원에 매우 효과적인 도구이기 때문입니다. 이어지는 내용은 마음가짐을 바꿔 큰 그림을 볼 수 있게 도와주는 단계별 연습으로, 상황을 보는 관점이 하나만 있지 않다는 점을 볼 수 있게 해줄 것입니다. 유의할 점은 이런 사고가 몸에 배려면 연습을 반복해야 한다는 것입니다. 현재 상황에 따라 몇 주 또는 몇 달이 걸릴지도 모르니 탓하지도 부끄러워하지도 마세요. 모두 과정의 일부이니까요. 이 연습을 하면서 행동 지원이 정말 마음가짐에서 시작된다는 것을 보실 수 있게 되기를 바랍니다. 놓치거나 건너뛰는 사람이 많지만, 마음가짐은 행동 지원에서 매우 중요한 첫걸음이자 필수적인 부분입니다. 마음가짐을 살피고 다스리지 않는다면 우리가 실행하려는 실천 전략들은 장기적으로 효과가 없을 것입니다.

5단계

• 1단계: 관점

아래의 질문을 가능한 한 다양한 상황에서 자주 던져보는 연습을 하세요. 이 연습을 하는 목적은 사람들이 저마다 현상을 다르게 인식한다는 점을 상기하기 위해서입니다.

상황에 따라 나 자신, 다른 어른 또는 아이에게 지금의 신념을 가지게 된 이유가 무엇이라고 보는지, 이러저러한 주제에 관해 어떻게 생각하는지, 어떻게 느끼는지, 왜 그런지 물어보세요. 연습하고 또 연습하세요.

예를 들어 아기가 공갈 젖꼭지를 써야 할지를 두고 엄마와 아빠의 견해가 서로 다르다고 해보겠습니다. 이럴 때는 말다툼을 벌이는 대신 상대방이 왜 그런 견해를 가졌는지 이해하려고 함께 노력해볼 수 있습니다. 어린 시절의 경험 외에도 지금 이렇게 확고한 생각을 가지게 된 이유와 관련된 정보를 서로 물어보는 것이지요. 다른 예로 십 대 아이가 디지털 기기를 쓰는 시간을 두고 부모와 자녀의 의견이 다를 수도 있을 것입니다. 이럴 때도 마찬가지로 각자 그렇게 생각하는 이유를 터놓고 이야기하면 가장 좋습니다. 부모의 경우 자신이 자녀와 다른(좋든 나쁘든) 어린 시절을 보냈으며 이런 과거가 현재 관점에 영향을 미친다고 말해줄 수도 있을 것입니다. 상대방의 관점이나 해결책에 반드시 동의해야 한다는 것은 아닙니다. 다른 관점을 이해하면 상황, 심지어 상대방에 관한 생각이 바로 바뀔 수 있습니다.

(주의: 아이에게 이런 질문을 하려면 아이가 감정적으로 괴로울 때가 '아닌' 기분이 좋을 때만 해야 합니다!)

• 2단계: 소통
표면에 드러난 행동이 아무리 바람직하지 않아도 '모든' 행동을 감정의 표현이나 소통 수단으로 생각하는 연습을 하세요.

행동 이면의 이유를 헤아려보세요. 아이가 불안해하거나, 두려워하거나, 통제력을 잃었다고 느끼거나, 스스로 가치가 없다고 느끼고 있지는 않을까요? 이유가 무엇일지 곰곰이 생각해보세요. 지금 아이가 행동으로 소통하려고 하는 감정은 무엇일까요? 연습하고 또 연습하세요.

(주의: 행동 이면의 '이유'를 잘 모르겠다면, 아이들은 누구나 봐주고 들어주기를 바라며 안전하다는 느낌을 받고 싶어 한다는 설명에 기대볼 수 있습니다. 세 가지 범주 중에 적어도 하나에는 속할 것입니다.)

• 3단계: 이해
생각-감정-행동의 선순환과 악순환이 인생 경험에 어떤 영향을 미치는지 이해하세요.

내가 지금 이 순간에 어떤 관점을 취하고 있는지, 헬리콥터 관점인지 막히는 도로 위 차 안의 관점인지, 불편한 감정이 느껴질 때 어떤 대처 기제를 사용하는지 자문해보세요. 연습하고 또 연습하세요.

(주의: 선순환과 악순환에서 생기는 거울 효과와 상호작용에 유의하는 것을 잊지 마세요.)

• **4단계: 발전**

'탓할 것도 부끄러워할 것도 없다'라는 말을 믿어질 때까지 마음속으로 계속 반복하세요.

'나는 완벽이 아닌 발전을 추구한다'라는 말을 상기하세요. 연습하고 또 연습하세요.

(주의: 이 과정에는 아주 오랜 시간이 걸릴 것입니다! 이 신념들에 익숙해지고 결국 내용을 체화하는 동안에도 삶은 흘러갈 것이며 발전은 계속될 것입니다. 성장에는 끝이 없습니다. 이 사실을 받아들이고 궁극적으로는 기뻐하는 법을 배우세요.)

• **5단계: 교감**

아이와 날마다 정서적으로 교감할 수 있는 방법을 찾으세요.

저울 그림(52쪽 참조)을 보면서 정서적 안정을 내내 유지하세요. 연습하고 또 연습하세요.

(주의: 저울의 균형을 맞추거나 저울을 반대쪽으로 기울이는 데는 아이의 기질과 상황에 따라 몇 주, 몇 달, 몇 년이 걸릴지도 모릅니다. 하지만 아이는 '분명' 발전할 것입니다.)

이 5단계는 이후에 나오는 다른 모든 전략을 잘 실행하는 데 기반이 되는 내용이므로 책을 읽어나가면서 몇 번이고 반복해 연습해야 합니다. 전략들이 성공하는 데 필요한 마음가짐을 키우는 사전 전략이라고 할 수 있습니다. 손쉬운 해법을 약속할 수는 없지만, 점진적 발전(뒤에서 살펴볼 내용입니다)이 있으리라는 점은 보장할 수 있습니

2장 생각-감정-행동의 순환

다. 마음가짐을 유지한다면 퇴보는 없고 발전만 있으니, 얼마나 신나고 힘 나는 일인가요!

마음가짐 조정하기

애나는 십 대 아들 맥스가 영리한 아이지만 태도가 불량할 때가 있다고 했습니다. 아이를 같은 일로 몇 번이고 계속 야단쳐야 하는 것이 지긋지긋하고, 아이가 자신을 더 존중해주었으면 좋겠다고 했지요. 저는 애나를 알아가며 이런 설명을 더 들을 수 있었습니다. 애나는 어렸을 때 부모님이 자신의 마음을 늘 이해해주지는 않았기 때문에 맥스는 다르게 키우고 싶었다고 했습니다. 구체적으로는 엄마에게 무엇이든 말할 수 있다고 느끼게 해주고 싶었습니다. 애나에게는 존중도 매우 중요했습니다. 애나의 관점에서 존중이란 아이가 부모에게 예의 없이 말하거나 말대꾸하지 않는 것을 의미했습니다. 그런데 맥스는 때로 이런 행동을 보였습니다. 애나는 부모님이 자신을 '알아준다는' 느낌을 늘 받지는 못해도 두 분을 존중해서 말대꾸는 하지 않았는데 말입니다. 보아하니 애나와 맥스는 각자의 생각-감정-행동의 순환에 갇혀 있는 것이 분명했습니다.

- 애나
  - **생각**: 말대꾸를 해가며 예의 없이 굴다니 믿을 수 없어. 내 말은 귓등으로도

    안 듣지!
  - **감정**: 속상함, 분노, 좌절, 짜증, 격분, 긴장, 통제력 상실
  - **행동**: 아들의 휴대폰을 압수한다, 단호한/큰 목소리로 말한다, 괴로운 표정

    을 짓는다.

- 맥스
  - **생각**: 내 기분이 어떤지도 말하지 못하게 하면서 나를 무시하다니 믿을 수

    없어. 내 말은 듣지도 않는다니까!
  - **감정**: 속상함, 분노, 좌절, 짜증, 격분, 긴장, 통제력 상실
  - **행동**: 대드는 말투로 말한다, 단호한/큰 목소리로 말한다, 괴로운 표정을 짓

    는다.

애나와 맥스는 모두 자신의 신념 체계에 따라 움직이고 있었습니다. 같은 존중을 이야기하면서도 애나는 '제발 내 말을 들어. 어른은 나고, 나는 네게 가장 좋은 것만 주고 싶을 뿐이야. 이런 마음을 좀 알아주고 내 관점에서 봐줄 수는 없겠니?'라고 생각했고, 맥스는 '제 관점에서 보지 못하면서 저한테 가장 좋은 게 뭔지 어떻게 알 수 있어요? 엄마는 늘 존중이 중요하다고 하면서도 정작 저는 전혀 존중해주지

않잖아요!'라고 생각했습니다.

여기에는 지난 장에서 살펴봤던 것처럼 거울 효과도 작용하고 있습니다. 애나의 의도는 좋았지만, 맥스의 관점에서는 엄마의 말을 믿거나 엄마가 그토록 간절히 주고 싶어 하는 지원을 받아들이기가 어려웠습니다. 엄마의 행동과 반응이 생각과 감정 때문에 반대로 표현됐기 때문입니다. 맥스는 이 순간 엄마의 말보다 행동에서 훨씬 더 많은 것을 배우고 있었고, 엄마의 행동을 거울처럼 따라 했습니다. 결국 두 사람은 악순환에 갇히게 되었습니다.

애나는 부정적인 생각-감정-행동의 순환을 끊기 위해 5단계를 연습하기 시작했습니다. 먼저 맥스가 현상을 인식하는 관점이 자신과 다를 수도 있다는 생각을 연습했습니다. 애나는 십 대 때 부모님과 관점이 달라도 말대꾸는 하지 않았지만, 그런 순간에 어떤 기분이 들었는지 떠올렸습니다. 또한 모든 행동은 소통의 수단이라는 생각을 연습하며 '아이가 왜 이렇게 행동하는지, 아이의 욕구가 무엇인지, 어떤 기분을 느끼고 있을지' 헤아려보려 했습니다. 애나는 이런 생각을 연습할수록 마음이 점차 평온해졌습니다. 다음으로는 자신과 맥스의 생각-감정-행동의 순환을 이해하는 연습을 하며 '내가 헬리콥터 관점을 취하고 있는지 막히는 도로 위 차 안의 관점을 취하고 있는지' 계속해서 자문했습니다. 이제 애나는 맥스가 자신이 말하는 도중에 제 할 말을 하며 참을성 없이 행동할 때도 인내심을 더 가지기 시작했으며, 이런 순간을 거울 효과를 통해 가르치고 배울 기회로 인식하고 접근법을 일관되게 유지했습니다. 아이가 참을성 있는 사람이 되기를 바란다면 자신부터 그렇게 행동해야 한다는 것을 알아도 때때로 본을 보이기 어려울 때가 있었습니다. 그래도 애나는 자신을 탓하거나 부끄러워하지 않았습니다. 대신 아이에게 "엄마가 또 참을성 없게 행동했네. 미안해, 엄마도 배우는 중이라 그래. 실수했으면 이렇게 바로잡으면 돼"라고 솔직히 말해주었습니다.

이렇게 하는 동안 맥스는 엄마를 존중하는 마음이 매우 커지기 시작했고, 엄마가 주는 도움과 조언을 훨씬 더 잘 받아들일 수 있었습니다. 엄마가 맥스의 취미인 요리를 매일 함께 하며 정서적으로 교감하려 할 때도 예전과 달리 반응을 보이고 소통하고 싶어 했습니다. 이런 과정을 거치면서 애나는 모든 일이 다 잘 되리라는 희망이 생기기 시작했습니다. 더 이상 맥스가 자신과 똑같은 관점을 가져야 한다고 생각하지 않았고, 맥스의 관점이 달라도 통제력을 잃은 것 같은 느낌이 들지 않았습니다. 애나는 맥스가 자신이 바라는 대로 행동해야만 기분이 나아진다는 생각에서 벗어나는 법을 배우고 있었습니다. 맥스에 대한 걱정이 통제 성향을 끌어낸다는 사실을 깨닫게 되면서 두려움을 통해 지시하고 양육하던 예전 습관으로 돌아가지 않을 수 있었습니다.

유연한 마음가짐은 내 기분을 아이 탓으로 돌려서는 안 된다는 것을 더 의식적으로 자각하는 데 도움이 됩니다. 역경에 직면했을 때 외부 환경을 통제해야만 기분이 좋거나, 다른 사람들이 특정한 방식으로 행동해야만 기분이 좋아지는 일 없이 평정심을 유지할 수 있습니다. 우리는 타인을 통제할 수 없지만, 타인에게 하는 대응은 통제할 수 있습니다. 다행인 것은 마음가짐을 바꾸면 생각-감정-행동의 순환에 더 긍정적인 영향을 미칠 수 있습니다.

> **+ 연습하기 +**
> 일주일 동안 아이가 바람직하지 않은 행동을 하는 상황이 생기면 그 순간에 내가 평정심을 유지하고 있는지 자문해보세요. 그런 다음 차분하고 긍정적이고 행복한 상태를 유지할 수 있도록 적극적, 의식적으로 내 행동을 바꿔보세요.

저울의 균형을 맞출 방법 찾기

새로운 기술이나 개념을 배울 때 아무것도 모르던 사람이 갑자기 능숙해지는 일은 없습니다. 제가 대학교에 입학한 지 두 달이 됐을 때 4년의 학위 과정 동안 배우게 될 내용을 다 알 수 있으리라고 기대하지 않았던 것처럼 말입니다! 이것은 운전이나 자전거, 수영, 아이를 키우고 가르치는 법을 배울 때도 마찬가지입니다.

우리는 바람직하지 않은 상태에서 바람직한 상태로, 서투른 상태에서 능숙한 상태로 단번에 도약하지 않습니다. 그 과정에서 알아보고 기뻐해야 할 점진적 발전이 많습니다. 우리가 압박감과 실패감, 압도감을 느끼는 것은 대개 저울 한쪽이 바람직하지 않은 행동으로 무거울 때 저울의 균형을 즉시 맞출 방법을 최대한 빨리 찾아야 한다고 생각하기 때문입니다. 하지만 다음 단계로 넘어가는 데는 시간이 걸리기 마련입니다. 그 과정에서 이룬 발전을 알아보고 기뻐한다면 나와 아이 모두 좋은 기분을 유지하며 계속 나아갈 수 있을 것입니다.

점진적 발전

저는 이 책을 쓰면서 제가 권하는 전략을 취하고 제가 가르치는 내용을 실천해야 할 때가 많았습니다. 아시다시피 저희 엄마는 치매를 앓고 계십니다. 치매를 처음 진단받았을 때는 안전을 지켜주고 돌봄을 도와줄 간병인이나 카메라 없이 혼자 생활하셨지만, 거의 5년이 지난 지금은 저희와 함께 살고 계십니다. 매일 오전 시간과 일주일에 네 번 오후 네 시간 동안에는 간병인도 한 분씩 와 계시지요. 앞에서 말씀드렸듯 저희 엄마의 치매는 꽤 중증이라 하루 종일 돌봄이 필요하며, 엄마가 혼자 있을 수 있는 시간은 20분 정도에 불과합니다. 저희 모두 엄마를 돌봐드릴 수 있다는 것에 감사하지만, 지칠 때가 없지는 않습니다. 십 대 아이 둘을 키우며 일과 가정을 하루하루 바쁘게 꾸려나가다 보면 더더욱 그렇지요.

오늘은 특히 힘든 날이었습니다. 요즘 들어 엄마는 밤중에 깨서 몇 시간이고 이리저리 돌아다니는 일이 잦아졌는데, 그렇다 보니 낮이면 기력이 빠져 계신 상태입니다. 엄마는 몸이 피곤할 때 모든 상황을 열 배는 더 혼란스러워합니다. 그리고 이런 혼란스러운 생각은 고통스러운 감정으로 이어져서 울거나, 소리를 지르거나, 거부하거나, 공격하는 행동으로 나타납니다. 다른 사람의 행동을 통제할 수는 없어도 내가 어떻게 대응할지는 통제할 수 있다는 사실을 기억하세요. 저는 제가 가르치는 내용을 거의 매일 잘 실천하고 있으며, 엄마가 그날 어떤 행동을 보이든 간에 헬리콥터 관점을 대개 유지할 수 있습니다. 오늘도 저는 힘들었던 하루를 마무리하며 의식적으로 한 발짝 물러나 지금까지 조금씩 이뤄온 발전에 주목하며 감사하는 시간을 보냈습니다.

이를테면 예전에는 간병인의 도움을 전혀 받지 않았는데, 이제는 하루 종일은 아니어도 도움을 받는 시간이 늘어났습니다. 사정이 나아진 것이지요. 예전에는 엄마가 정서적으로 불안정할 때 어떻게 해야 할지 몰라서 엄마를 따라 감정이 오르락내리락했습니다. 제가 알던 엄마가 사라져간다는 사실이 버겁고 슬프게 느껴지는 날은 여전히 있지만, 이제는 제 생각-감정-행동 패턴을 의식적으로 자각하고 있어서 이따금 부정적 패턴에 빠져도 탓하거나 부끄러워하지 않습니다. 마음의 회복력이 좋아진 것입니다. 예전에는 다른 사람이 엄마를 보고 "제가 보기에는 괜찮으신 것 같은데요!"라고 말하면 좌절감이 들곤 했지만, 이제는 비슷한 말을 들어도 엄마와 잠깐 시간을 보내는 상대방의 관점에서는 그렇게 보일 수도 있다는 것을 충분히 이해합니다. 이것 역시 발전한 것이지요.

저는 자기 회의에 빠질 때면 헬리콥터 관점을 취하고 지금까지 조금씩 이뤄온 발전에 기뻐합니다. 그러면 마음을 빠르게 안정시키는 데 도움이 됩니다. '엄마 상태가 이런 속도로 계속 나빠지면 앞으로 몇 달 동안 어떻게 대처해야 하지?' 같은 생각이 저를 장악하도록 내버려두었다면 저는 막히는 도로 위 차 안의 관점에 갇혀 있었을 것입니다. 공포와 걱정이라는 무거운 감정을 느꼈을지도 모르고, 엄마가 공격적인 모습을 보일 때 좌절하거나 우는 행동을 보였을지도 모릅니다. 이것을 아는 이유는 지금도 때때로 이런 일이 일어나기 때문입니다. 그래도 괜찮습니다. 나중에 곰곰이 생각하면 왜 그런 기분이 들었는지 이해할 수 있으니까요. 대개는 피곤하거나 자신을 잘 돌보지 않아서 생기는 일입니다.

내가 어떤 생각-감정-행동의 순환을 따르고 있는지, 최초의 생각들이 어떤 배경과 이유에서 나왔는지 알아가보세요(이 내용은 뒤에서 더 살펴볼 것입니다). 관점은 옳고 그른 것이 따로 있는 것이 아니라 생

2장 생각-감정-행동의 순환

각과 감정, 행동에 따라 서로 다를 뿐이지만, 우리에게는 선택권이 있으며 희망적인 관점을 연습할수록 힘이 더 생기고 다른 사람들의 행동을 더 잘 지원할 수 있을 것입니다.

점진적 발전을 알아보고 기뻐하면 당장 기분이 좋아질 뿐만 아니라 계속 나아갈 의욕이 생기므로 획기적인 변화가 찾아올 수 있습니다. 그야말로 막히는 도로 위를 기어가고 있는 듯한 기분이 하늘 높이 날아오르는 듯한 기분으로 바뀔 수 있는 것입니다. 이 연습을 꾸준히 반복한다면 시간이 갈수록 아이에게 놀라운 영향을 미칠 수 있을 것입니다.

지원하고 인정하고 칭찬하라

+ 사례 연구 +

2년 차 교사인 스텔라는 교사 생활을 잘해 나가던 중에 사지드라는 학생에 관해 조언을 구해왔습니다. 과제물을 분홍색 펜(분홍색 펜은 오답, 초록색 펜은 정답을 뜻했습니다)으로 채점해서 돌려주면 아이가 무척 괴로워한다는 것이었습니다. 사지드는 추가적 지원이 필요한 학생이었고, 이런 요구는 아이가 자신을 인식하는 방식뿐만 아니라 주변 사람들을 인식하는 방식에도 매우 큰 영향을 미치고 있었습니다. 저는 스텔라에게 아이가 과제물을 돌려받을 때마다 어떤 생각-감정-행동의 순환을 거칠 것 같은지 물었습니다. 스텔라는 아이가 자신이 다른 친구들만큼 똑똑하지 않다고 생각할 것 같으며(실제로 사지드는 이런 인식을 말로 자주 표현했습니다), 그래서 창피하고 답답하며 짜증이 날 때가 있을 것 같다고 결론 내렸습니다. 이런 생각과 감정은 아이의 행동에 직접적인 영향을 미치고 있었습니다. 아이는 대개 수업을 더 듣기를 거부하거나, 책상 위에 엎드려서 누구와도 말을 나누지 않거나, 울거나, 다들 자기를 내버려두라고 소리를 지르는 행동을 보였습니다.

이 밖에도 아이가 조금씩 발전하는 과정을 **지원하고** 그 모습을 **인정하고 칭찬해주는** 방법은 많습니다. 아래는 몇 가지 예시입니다.

+ 사례 연구 +

이제 걸음마를 막 시작한 조애나는 장난감을 치우고 잠잘 준비를 해야 할 시간이 되면 바닥에 드러누워 소리를 지르기 일쑤였습니다.

- **점진적 발전을 지원하기**
  - **시각적으로 지원하기**: 그날의 활동을 그림으로 그린 시간표를 보여주며 놀고 난 뒤에 정리하고 잠옷을 입을 수 있게 도와줍니다.
  - 감정에 이름을 붙여주며 **정서적으로 지원하기**: "눈물이 나는구나. 노는 시간이 끝나서 슬플 수 있어, 그래도 괜찮아."

- **선택의 언어를 사용해서 언어적으로 지원하기**: "장난감을 저 상자에 넣을
래, 이 상자에 넣을래?", "방에 가면 초록색 잠옷을 입을래, 파란색 잠옷을
입을래?"

아이에게 한정된 선택지와 안전한 통제권을 주면 아이가 권한이 있
다는 느낌을 받는 데 도움이 됩니다. 선택지와 통제권을 제한하거나
박탈하면 더 바람직하지 않은 다른 방식으로 추구하려 할 것입니다.

• **점진적 발전을 인정하고 칭찬하기**

- 장난감을 치우고 잠잘 준비를 할 시간이 됐을 때 조애나가 바닥에 드러누
  워 소리를 지르는 일이 줄었습니다. **인정하고 칭찬해주세요.**
  여전히 바닥에 드러누워 소리를 지르지만 빈도가 줄었으니 '분명' 발전한
  것입니다.
- 장난감을 치우고 잠잘 준비를 할 시간이 됐을 때 조애나가 더 이상 바닥에
  드러눕지 않지만 여전히 소리를 지릅니다. **인정하고 칭찬해주세요.**
  여전히 소리를 빽빽 지르지만 더 이상 바닥에 드러눕지 않으니 '분명' 발전
  한 것입니다.
- 장난감을 치우고 잠잘 준비를 할 시간이 됐을 때 조애나가 더 이상 소리를
  지르지 않지만 큰 소리로 흐느껴 웁니다. **인정하고 칭찬해주세요.**
  소리를 빽빽 지르던 것에 비하면 큰 발전이므로 큰 소리로 흐느껴 우는 것

은 '분명' 괜찮은 것입니다.

- 장난감을 치우고 잠잘 준비를 할 시간이 됐을 때 조애나가 더 이상 큰 소리

  로 흐느껴 울지 않고 나지막이 웁니다. **인정하고 칭찬해주세요.**

  조애나가 장난감을 치우고 잠잘 준비를 하고 있으니 정말 많이 발전한 것

  입니다. 아이가 슬퍼할 수도 있으며, 이런 아이의 감정은 타당합니다. 아이

  가 슬퍼할 때 바꾸도록 지원했던 것은 소리를 지르고 바닥에 드러눕는 '행

  동'입니다.

지금쯤이면 관점이 왜 그렇게 중요한지 알 수 있으리라 믿습니다. 막히는 도로 위 차 안의 관점에서라면 '나아진 게 없어. 조애나는 이 과정을 시작했을 때나 지금이나 똑같이 우니까!'라고 생각할 가능성이 높겠지요. 하지만 헬리콥터 관점을 취한다면 '정말 많이 발전했어. 잠잘 준비를 할 때만 되면 우는 것은 여전하지만, 소리를 지르면서 바닥에 드러눕던 때에 비하면 아무것도 아니지. 정말로 좋아진 게 보이고 앞으로도 계속 좋아질 거야!'라고 말할 수 있을 것입니다.

+ 사례 연구 +

십 대인 리암은 아버지의 말에 따르면 방을 정리하고 식기세척기에서 그릇을 꺼내고 청소기를 돌리는 일을 '제 편한 대로 잊어버리기' 일쑤였습니다. 일을 시키면 인상을 잔뜩 찌푸리고 투덜대며 방 안을 쿵쿵

2장 생각-감정-행동의 순환

거리며 돌아다니곤 했습니다.

- **점진적 발전을 지원하기**
  - **권한을 위임**하고 일의 **목적을 설명**하기: "리암, 집안일을 하면 네가 정말 책임감 있고 믿을 만하다는 것을 보여주는 거야."
  - **감정을 알아주**며 **정서적으로 지원**하기: "집안일을 하는 것이 별로 즐겁지 않다는 것을 알겠고 네게 우선순위가 아니라는 것도 이해해. 그래서 네가 일을 분담해주는 것이 고마워."
  - **선택의 언어를 사용해서 언어적으로 지원**하기: "청소기를 돌릴 요일을 정해줄까, 아니면 네가 정할래?"

아이의 행동이 큰 그림에 어떻게 긍정적인 영향을 미치거나 기여하는지 설명해주면 아이는 목적의식이 생깁니다.

- **점진적 발전을 인정하고 칭찬하기**
  - 리암이 방을 정리하고 청소기를 돌리고 식기세척기에서 그릇을 꺼낼 요일을 직접 정하기로 한 뒤, 처음에는 방바닥에 있는 옷을 침대 위로 던진 다음 다시 옷장 속에 던져넣고, 인상을 쓴 채 마지못해 청소기를 돌리고, 식기세척기에서 그릇을 꺼내는 것을 까맣게 잊어버립니다. **인정하고 칭찬해주세요.**

전보다 많은 일을 하고 있으니 '분명' 발전입니다. 전에는 아무것도 안 했으니까요!

- 리암이 여전히 옷을 방바닥에서 침대 위로, 또 옷장 속으로 던지고, 마지못해 청소기를 돌리고, 인상을 쓴 채 식기세척기에서 그릇을 꺼냅니다. **인정하고 칭찬해주세요.**

이제 세 가지 일을 모두 하고 있으니 '분명' 발전입니다.

- 리암이 옷걸이에 일부 옷을 걸고 나머지를 옷장 속에 던져넣습니다. 마지못해 청소기를 돌리고 식기세척기에서 그릇을 꺼내지만, 이제 인상을 쓰지 않습니다. **인정하고 칭찬해주세요.**

예전과 달리 옷을 일부라도 옷걸이에 걸고, 여전히 마지못해 청소기를 돌리고 식기세척기에서 그릇을 꺼내지만 이제는 인상을 쓰지 않으니 '분명' 발전입니다.

- 리암이 옷걸이에 대부분 옷을 걸고, 마지못해 청소기를 돌리고 식기세척기에서 그릇을 꺼냅니다. **인정하고 칭찬해주세요.**

이제 대체로 대부분 옷을 걸고, 여전히 마지못해 청소기를 돌리고 식기세척기에서 그릇을 꺼내기는 하지만 따로 알려주지 않아도 거의 잊어버리지 않고 꾸준히 하고 있으니 '분명' 발전입니다.

아이들은 자기가 하는 일에 목적이 있다는 느낌을 받아야 합니다. 큰 그림이 무엇인지, 자신이 그 그림에서 어떤 역할을 하는지 이해해야 하며 선택지와 안전한 통제권을 갖는 것과 관련해 자기 생각과 감정이 고려되고 있다고 느껴야 합니다. 상대방이 자기 말을 들어줄 여지가 없다고 느끼면 누군가 자신을 봐주고 들어주고 있으며 안전하고 통제권이 있다는 느낌을 받기 위해 때로는 바람직하지 않은 나름의 방법을 찾을 가능성이 높습니다.

점진적 발전을 지원하고 인정하고 칭찬할 때는 더 넓은 헬리콥터 관점을 의식적으로 취하세요. 아이에 따라서는 우리가 바라는 방식대로 성장하기까지 몇 주가 걸리기도 하고, 몇 달, 몇 년이 걸리기도 할 것입니다. 모두 괜찮습니다. 아이들은 저마다 다른 요구를 지닌 고유한 존재들이며, 또래 아이들이 무엇을 하고 있든 하고 있지 않든 간에 제각기 다른 속도로 발전할 것입니다. 물론 당연히 좌절감이 들 수 있습니다. 하지만 헬리콥터 관점은 이런 좌절감을 극복하도록 지원할 수 있고 앞으로도 지원할 것입니다.

생각-감정-행동을 위한 5C

앞 장에서 봤던 5C 연습의 확장된 버전을 소개합니다. 활용해보신다면 이번 장에서 다룬 주제들을 연습하는 데 도움이 될 것입니다. 다만 기존 내용(71쪽)을 아직 연습하지 않았고 충분히 숙지한 것 같지 않다면 나중에 시도해보시기를 바랍니다. 그럴 만한 가치가 있을 것이니 얼마나 오래 걸리든 (탓하지도 부끄러워하지도 말고) 시간을 들여 제대로 연습해보세요.

- **소통**Communication: 아이의 행동은 정서적 연결의 욕구를 소통하고 있습니다. 이유를 계속 자문해보세요. 아이의 욕구는 무엇일까요?
- **평정심**Calm: 이 순간은 가르치고 배울 기회입니다. 평정심을 유지하고 '본을 보이세요.'
- **호기심**Curious: 아이가 느끼고 싶어 하는 감정은 무엇일까요? 감정에 이름을 붙이세요.
- **교감**Connect: 아이의 정서적 욕구를 어떻게 채워줄 수 있을까요? 선택의 언어를 사용하세요.
- **전달**Convey: 이 순간 아이의 관점에서 내 행동이 어떻게 보일까요? 점진적 발전을 지원하고 인정하고 칭찬하세요.

- 아이의 행동은 통제할 수 없지만 내 반응은 통제할 수 있습니다.

- 5단계(95쪽)를 반복하며 더 넓은 헬리콥터 관점을 취하는 것을 연습하세요.

- 생각과 감정, 행동은 모두 연관되어 있습니다. 어떻게 생각하고 느끼는지는 행동에 영향을 미칩니다.

- 발전에는 몇 주, 몇 달, 또는 몇 년이 걸릴 수도 있습니다. 실수를 허용하세요.

- 아이는 내 감정에 책임이 없습니다. 아이는 선택지와 통제권, 목적이 있다는 느낌을 받아야 합니다.

- 완벽한 결과가 아닌 발전하는 과정을 추구하세요. 점진적 발전을 지원하고 인정하고 칭찬해주세요.

원인과 결과
(일명 '대가' 또는 '벌')

저는 언젠가부터 '대가' 대신 '결과'라는 단어를 쓰고 있습니다. '대가'라는 단어에 강한 부정적 어감이 너무 많기도 하고, 사람마다 대가를 치르게 하는 방식에 관한 인식이 상당히 다를 수 있기 때문입니다. 잘못한 대가를 치르게 하는 전통적인 방식의 다른 문제는 효과가 확실하지 않다는 것입니다. 아이에게 대가를 받도록 하거나 벌을 준다고 해도 아이가 그렇게 행동한 '이유'를 이해하지 못하면 행동은 반복될 수 있습니다. 또한 그 과정에서 어른과 아이 모두 감정이 매우 상할 수 있어서 앞으로 협력을 증진하는 데 좋은 기반이 되지 못합니다. 알고 계시듯이 행동 지원의 가장 좋은 형태는 예방이지 대응

115   부드러운 지도법

이 아닙니다. 행동을 당장 그만두게 할 생각으로 전략을 실행하려 하면 효과가 대개 제한적입니다. 행동 이면의 이유를 살펴보고 거기서부터 아이를 지원해야 행동 지원을 장기적으로 지속할 수 있습니다.

다음에 나오는 제언들은 책 전반에 걸쳐 더 자세히 다뤄지니, 참조된 페이지에서 더 많은 내용을 확인해보세요.

- **일과와 언어:** 일과를 함께 짜는 일은 아이에게 정서적 지원과 확신을 줍니다. 선택의 언어(281쪽)를 사용해서 안전한 통제권을 주며 일과를 정하는 과정에 아이를 참여시키세요. 아이가 가족과 학교, 더 큰 사회의 일원인 동시에 독립된 개인으로서 제 의사를 표현할 수 있도록 지원할 것입니다.

- **한계와 기대:** 한계와 기대(277쪽)는 정서적 안전감과 안정감을 줍니다. 한계와 기대에 따르지 않으면 어떻게 되는지 아이가 기분이 좋을 때 미리 알려주세요. 예를 들어 디지털 기기를 압수해야 할지도 모른다거나 하는 결과(다른 사람들 표현에 따르면 '대가')를 아이와 이야기 나누는 것입니다. '이러이러한 행동을 하면 어떻게 되는지'를 정할 때는 선택의 언어(281쪽)를 사용해서 아이를 의사 결정에 참여하게 하세요. 이렇게 하면 결과를 적용해야 할 때 아이가 충격이나 동요에서 비롯된 행동을 보이는 일이 없어지거나 줄어듭니다. 나와 아이가 사전에 동의한 내용을 언급하며 일관된 태도를 유지하고, 이미 동의

한 내용이니 결과를 놓고 길게 왈가왈부하지 마세요. 이렇게 할 수 있으려면 감정적 포화 상태(158쪽)가 아니어야 합니다!

• **정서적 지원**(148쪽): '봐주고 들어주고 있으며 안전하다는 느낌'을 주는 기법으로 아이의 감정을 인정해주세요. 한계를 다시 확인하기 전에 감정을 인정해주면 아이는 결과를 점차 더 잘 수용하게 됩니다. 나와 아이가 모두 원한다면 위로를 해주되 한계('이러이러한 행동을 하면 어떻게 되는지' 사전에 동의한 결과)를 유지하세요.

• **정서적 연결**(170쪽): (정서적 교감 시간을 통해 형성할 수 있는) 나와 아이의 애착 관계는 아이가 결과에 대응하는 방식을 크게 바꿀 수 있습니다. 아이와 애착 형성이 잘 되어 있지 않으면 아무리 많은 대가를 정해놓아도 실제로는 효과가 없을 수 있습니다.

부드러운 지도법

3장

안개를 걷어내면 비로소 보이는 것
: 소통 수단으로서의 행동

감정에 압도된 나머지 할 말을 찾지 못했던 적이 있나요? 친구나 연인 또는 배우자가 괜찮냐고 물어보며 마음을 써주는데도 기운이 쭉 빠져서 내가 느끼는 감정을 어디서부터 어떻게 설명해야 할지 몰랐던 때가 분명히 있을 것입니다. 가슴이 답답한데 이 기분을 설명하기가 늘 쉽지는 않아서 꺼림칙한 느낌을 떨칠 수 없었을지도 모릅니다.

아이 역시 이런 압도감이나 피로감을 느낄 때가 있을 것입니다. 감정을 표현해보려고 해도 늘 쉽지만은 않습니다. 말을 꺼내는 일이 여러 이유로 어렵기도 하고, 자신이 느끼는 감정이 정확히 무엇인지 또는 어떻게 묘사해야 할지 모를 때도 있습니다. 말로는 표현할 수 없거나 적당한 말을 찾지 못할 때 아이는 (어른이 그렇듯) 행동으로 소통합니다. 아이에게 무엇이 필요한지 해독하고 욕구를 충족할 수 있게 돕는 일은 아이를 지원하는 우리가 할 몫입니다.

앞 장들에서 인식을 바꾸면 생각과 감정, 행동이 바뀌며, 이렇게 새로운 관점을 취하면 행동이 욕구를 소통하는 수단이라는 점을 이해할 수 있었습니다. 아이가 하는 행동을 소통 수단으로 받아들이면 아이가 (방식은 바람직하지 않을지언정) 무엇을 소통하려고 하는지 더 명확한 관점에서 생각해볼 수 있습니다. 어쩌면 아이는 '나도 내가 별로 마음에 안 드는데 나를 좋아한다니 못 믿겠어요', '내가 계속 밀어내도 곁에 있어줄 건가요?', '이런 기분이 들 때 달리 어떻게 해야 할지 모르겠어요'라고 말하려는 것인지도 모릅니다. 이유는 그야말로 수백 가지가 있을 수 있겠지만, 이런 예시는 모두 아이를 정서적으로 안전하지 못하거나 확신이 없거나 불안정하게 만들 것입니다. 아이가 세상과 타인을 인식하는 방식을 형성하는 이런 신념들은 이번 장에서 더 자세히 살펴볼 애착 유형 외에도 트라우마, 진단되거나 되지 않은 의학적 필요, 나이 같은 요인에서 비롯됐을지도 모릅니다. 아니면 아이가 그냥 한계를 시험하며 '밀어붙이고' 있는 것인지도 모릅니다. 이것은 제가 행동 안개라고 부르는 상황, 즉 행동의 배경이나 이유를 더 이상 확신할 수 없어서 무엇을 해야 할지 모르는 상황이 될 수도 있습니다. 행동 이면의 이유가 무엇이든 아이들은 누구나 정서적 안전감을 느끼고 싶어 하며 마땅히 그래야 합니다. 이번 장에서 소개하는 행동 지원 전략은 모든 아이를 위한 지원의 기반을 마련하며 안개를 걷어내게 도와줄 것입니다.

이 전략들을 통해 우리가 아이의 행동이 변화하는 여정에 미치는 영향력이 얼마나 큰지, 아이를 더 바람직한 행동으로 부드럽게 이끌 잠재력이 얼마나 큰지 보실 수 있기를 바랍니다.

안개 너머를 보기

이번 사례에서는 정서적 안정감을 북돋우는 전략들이 장기적으로 가장 효과적이라는 것을 살펴보겠습니다. 아이가 정서적으로 안전하다고 느끼면 자연히 불안이 줄어들고 스트레스가 완화될 수 있습니다. 1장과 2장에서 소개한 개념들이 실제 상황에 어떻게 적용되는지도 보실 수 있을 것입니다.

+ 사례 연구 +

자폐와 감각 처리 장애를 진단받은 헤일리의 가족을 상담한 적이 있습니다. 헤일리는 학교생활을 잘 해내지 못했고, 집에서는 부모님 휴대폰이나 TV 같은 물건을 던지고 부수며 망가뜨리는 일이 잦았습니다. 헤일리의 부모님은 전문가를 찾았다가 헤일리는 특별한 지원이 필요한 아이니 이런 일에 익숙해져야 한다는 말을 들었습니다. 의도는 좋지만 도움이 안 되는 말이었습니다. 부모님은 딸을 무척 사랑했지만, 아이가 다음에는 또 어떤 돌발 행동을 할지 몰라 두려운 마음에 아이의 요구를 최대한 들어주고 있었습니다. 그러니 감당하기 어려울 만큼 힘에 부치는 것도 당연했습니다. 저는 부모님과 상담을 시작했고 헤일리네 가족의 스트레스를 조금은 덜어줄 전략들을 제시했습니다.

우선은 인식을 바꾸기 위해 노력하는 것부터 시작했습니다. 저는 헤일리의 부모님이 딸을 다르게 인식할 수 있게 도와드리고 싶었습니다. 전략보다 마음가짐이 항상 먼저라고 말씀드렸지요. 인식을 바꾸고 나면 여러 새로운 지원 전략을 시도해볼 마음이 열리는 데 도움이 됩니다. 헤일리의 부모님은 딸이 진단받은 장애 때문에 불이익을 받게 될 것이며 딸이 겪는 잦은 고통의 순간들은 자신이 얼마나 불리한 조건을 가졌는지, 앞으로 가족 모두 얼마나 고달픈 삶을 살게 될지를 보여주는 증거라고 인식했습니다. 부모님은 딸의 미래를 거의 기대하지 않았습니다. 이런 생각 때문에 온 가족이 다음에 무슨 일이 일어날지 두려워하며 매우 불안한 상태로 살고 있었습니다. 결국 부모님이 느끼는 불안은 헤일리에게 날마다 고스란히 전해졌고, 헤일리는 "괜찮아, 엄마 아빠가 있잖아. 하나도 걱정할 거 없어"라고 안심시키는 말에도 매우 다른 감정을 느끼며 덩달아 불안이 높아졌습니다. 이런 악

3장 안개를 걷어내면 비로소 보이는 것

순환은 몇 년간 계속됐습니다. 이것은 탓할 일도 부끄러워할 일도 아니었습니다. 부모님은 딸이 지나온 삶의 단계마다 나름의 관점에서 늘 최선의 노력을 기울였으니까요. 하지만 새로운 관점을 취하니 상황을 다르게 볼 수 있었고 다른 방법을 시도할 수 있었습니다.

두 사람은 5단계(95쪽)를 연습하고 생각과 감정, 행동을 의식적으로 자각하게 되면서 안개를 걷어낼 수 있었고, 어려운 상황에서 드는 감정이나 딸이 자신을 어떻게 인식하고 있을지 하는 생각에 사로잡히는 대신 그 너머를 직시할 수 있었습니다. '우리 딸은 장애를 진단받았으니 불리해'라는 생각은 '우리 딸은 또래들이나 반 친구들과 '똑같지' 않아서 유리한 점이 정말 많아'라는 생각으로 바뀌었습니다. 이렇게 관점이 명확해지니 남들이 생각하는 기준에 딸을 맞출 필요가 없다는 사실을 깨달을 수 있었습니다. 두 사람은 한 발짝 물러서서 딸의 행동을 새로운 눈으로 바라볼 여유도 얻었습니다. 그동안 헤일리는 무엇을 말하려고 했던 것일까요? 바로 눈에 들어온 것은 딸의 감각 처리 장애가 집과 학교의 환경에 영향받고 있다는 점이었습니다. 인식을 바꾸고 나니 딸이 행동으로 무엇을 소통하려 했는지 볼 수 있었던 것입니다. 헤일리는 그동안 아침마다 넓고 시끄러운 운동장을 지나 크고 밝은 교실로 곧장 들어가곤 했습니다. 학교에서 집으로 돌아올 때도 마찬가지였습니다. 이런 환경은 감각 처리 장애를 가지고 있는 헤일리에게 과도한 자극이 되어 괴로움을 주었고, 헤일리는 소리를 지르고 물건을 던지며 괴로운 마음을 소통했습니다. 고통스러워하는 모습 뒤에는 '저한테는 너무 과한 자극이에요. 제발 절 도와주세요'라고 말하고 있는 아이가 있었습니다.

저는 자폐와 감각 처리 장애 지원 분야의 다른 전문가들과 함께 학교 측과 협력해서 헤일리가 아침에 수업에 들어가기 전 신뢰할 수 있는 어른과 작고 조용한 공간에서 5분 동안 시간을 보낼 수 있게 했습니다. 나중에 학교에서 집으로 돌아가기 전에는 계단 밑 벽장(헤일리를 위해 특별히 개조한 작고 안전한 공간으로 헤일리가 무척 좋아했습니다)에서 5분 동안 시간을 보낼 수 있게 했지요. 헤일리가 다른 환경으로 넘어가기 전에 감정을 조절할 수 있는 공간을 마련해주고 싶었던 것입니다. 또한 헤일리가 정서적 확신을 주는 명확한 일과와 정서적 안정감을 주는 기대, 정서적 안전감을 주는 한계, 정서적 지원을 주는 주변 어른들의 언어를 경험할 수 있게 지원했습니다(이 내용은 나중에 더 자세히 살펴보겠습니다).

이런 체계는 헤일리를 정서적으로 안정시키는 데 매우 성공적이었고, 이것은 부모님이 헤일리를 지원하기 위해 끊임없이 함께 노력한 덕분에 가능했습니다. 헤일리의 부모님은 자신의 인식이 생각과 감정, 행동에 직접적인 영향을 미친다는 것을 의식적으로 자각하기 시작하면서 딸의 행동을 욕구의 소통 수단으로 분명하게, 또 일관되게 볼 수 있게 됐습니다. 새로운 접근 방식이 안개를 걷어내고 헤일리에게 진정으로 필요한 것이 무엇인지 볼 수 있게 해준 것입니다.

기쁘게도 헤일리는 이제 20대가 되어 자폐 진단을 받은 아동의 가족을 지원하는 일을 잘 해내고 있답니다.

아이의 행동 이면의 '이유'

아이의 행동에는 정말 많은 이유가 있습니다. 이번 장에서 일부 이유를 살펴보며 꼭 기억해야 할 점은 어떤 근원적 욕구가 있든 간에 아이라면 누구나 봐주고 들어주고 있으며 안전하다는 느낌을 받을 권리(와 필요)가 있다는 것입니다. 그래서 이런 관점에서 아이를 지원하는 전략들을 실행하면 아이가 감정을 조절하는 데 도움이 됩니다. 앞에서 감정 저울의 균형을 맞춰야 한다고 이야기했는데, 이 내용을 그림으로 다시 한번 상기해보겠습니다.

아이에 따라서는 의사소통과 상호작용, 감각 처리를 비롯한 신체 기능, 사회성과 정서, 정신 건강, 인식과 학습 측면에서 추가적 지원이 필요하기도 합니다. 그런가 하면 급성 또는 만성 트라우마를 경험한 아이도 있습니다. 아이들은 저마다의 요구에 따라 세상과 상황, 사람을 바라보는 관점이 다르고, 그래서 욕구를 소통하는 방식도 학

습하고 발달하는 속도도 다릅니다. 부모를 비롯해 지원자의 역할을 맡고 있는 어른은 아이에게 필요한 추가적 지원이나 전문가의 지원을 구하고 아이를 옹호할 책임이 있습니다. 이 책에 나오는 방법들도 아이를 지원하는 데 도움이 되겠지만, 개인의 요구에 따라 여러 기관의 지원이 추가로 필요한 경우도 있을 수 있다는 점을 유념하시기를 바랍니다. 정답도, 옳은 방법도, 인생을 잘 사는 방법도 '한 가지'만 있지 않다는 사실 역시 잊지 마세요.

애착

우리는 누구나 인간으로서 정서적 연결과 균형을 추구하지만, 방법은 저마다 다를 것입니다. 애착 이론은 사람들 사이의 관계와 유대에 집중합니다. 애착 이론을 정립한 영국의 심리학자 존 볼비는 애착을 '사람들 사이에 형성되는 지속적인 심리적 연결감'이라고 정의했습니다. 볼비에 따르면 아이는 불안하거나 겁이 날 때 주 양육자, 그러니까 보통의 경우 부모와 정서적으로 연결되어 있다는 느낌을 받고 싶어 합니다. 울고 소리를 지르는 것과 같은 아이의 행동은 주 양육자와 분리되지 않기 위해 쓰인 진화적 기법이거나 분리 후 부모와 다시 연결되기 위해 사용된다고 여겼습니다. 안정 애착 유형의 아이는 세상이 대체로 안전한 곳이며 세상 사람들도 대개 안전하다고 믿습니다. 자신을 안심시키는 양육자의 말이나 행동을 편안하게 받아들입니다. 불안정 애착 유형(불안정 애착 유형 또는 애착 패턴은 총 세 가지입니다)의 아이는 안심시키는 말이나 행동을 원하고 필요로 하면서도 양육자에게 의지할 수 없다고 느낄 때가 종종 있습니다. 이런 아이들과는 밀고 당기기가 일어날 가능성이 높습니다. 아이는 위로받고 싶은 욕구 때문에 양육자를 찾기도 하지만, 거부나 유기에 대한 근원적 공포 때문에 양육자를 밀어내기도 합니다.

아이가 불안정 애착 유형에 해당한다면 울고 소리를 지르는 행동으로 정서적 연결의 욕구를 소통할지도 모릅니다. 학령기 아동이나 청소년의 경우 언어적, 신체적 폭력, 부적절한 언어, 조소, 무례한 태도 등을 보일 수도 있습니다. 우리는 표면에 드러난 행동이 주는 느낌 때문에 그 이면을 보기 쉽지 않을 때가 많습니다. 아이의 행동을 욕구를 소통하는 수단으로 인식하려면 이 점을 유념하며 헬리콥터 관점을 유지하는 것이 중요합니다. 쉽지만은 않은 일이고 특정 행동에 매우 동요될 때는 특히 더 그렇지만, 연습할수록 분명 쉬워질 것입니다.

감정 다스리기

표면에 드러난 바람직하지 않은 행동을 마주하면 행동을 그만두게 하거나 '고치려는' 마음이 들기 쉽습니다. 아니면 얼어붙거나 (상대방의 행동을 거울처럼 따라 하며) 받아치거나 도망가게 될지도 모릅니다. 화를 내기보다 호기심을 가지고, 요구하기보다 이해하려 하고, 당혹스러워하는 대신 지원을 제공하며 정서적 연결을 유지하는 경우는 흔치 않습니다. 늘 그렇듯 탓할 일도 부끄러워할 일도 아닙니다. 불편한 감정을 바라보는 일에 누구나 능숙한 것은 아니라서, 대처 전략을 사용해 잠시나마 고통을 막아보려고 하는 것이니까요. 하지만 인식이나 생각-감정-행동의 순환에서 살펴봤듯 이런 순간에 내 행동을 소통 수단으로 바라보고 내 감정을 마주한다면 아이도 그렇게 할 수 있게 지원하며 가르치고 배울 기회를 얻을 수 있습니다.

막히는 도로 위 차 안의 관점일 때나 아이와 부딪히는 바로 그 '순간'에는 안개, 즉 표면에 드러난 행동 너머를 보며 아이가 이렇게 행동하는 '이유'를 알아차리기 힘들 수 있습니다. 혼란스러울 수 있지요. 그래서 안개를 걷어내는 데 도움이 되려면 마음을 가라앉히고 헬리콥터 관점을 취하는 것이 매우 중요합니다.

> **+ 연습하기 +**
> 다음에 아이와 부딪히는 일이 생기면 그 '순간'에 5C(71쪽)를 활용해 마음을 가라앉히고 아이가 행동으로 무엇을 소통하고 있을지 자문해보세요. 아이는 무엇을 전달하려고 하는 것일까요?

'미워'는 '필요해'라는 뜻

+ 사례 연구 +

몇 년 전 열한 살 제이미와 부모님을 상담한 적이 있습니다. 부모님은 딸이 기분이 상하면 울음을 터뜨리며 저리 가라고 소리를 지르다가 막상 다른 방으로 자리를 피하면 따라와서 또 울고불고한다고 했습니다! 제이미는 주 양육자인 부모님과 정서적 유대가 강했고, 불안하거나 겁이 날 때면 부모님과 정서적으로 연결되어 있다는 느낌을 받고 싶어 했습니다. 딸이 바람직하지 않은 행동을 하면 부모님도 대개 불안하고 겁이 났습니다. 그래서 딸을 진정시키려고 요구를 들어주며 달래보려 했지요. 그러면 당장 그때는 흥분을 가라앉히기도 했으나, 같은 행동은 몇 번이고 반복해서 다시 나타났고 제이미가 '만족한' 것처럼 보이는 시간은 오래가지 않았습니다. 바람직하지 않은 행동(이를테면 아빠가 차린 저녁을 먹지 않겠다고 버티는 행동)이 나타나는 순간에 '이유'처럼 보였던 것은 표면적인 계기일 뿐 근본적인 원인이 아니었습니다.

제이미의 부모님은 어떻게 해야 좋을지 몰라 갈팡질팡했습니다. 연이어 발생하는 스트레스 상황에 급한 불을 끄듯 바쁘게 대처할 뿐이었습니다. 두 사람 모두 헬리콥터 관점에서 보지 못하고 부정적인 생각-감정-행동의 순환에 갇혀 있었습니다. 불안과 걱정에 사로잡혀 제이미의 그날그날 기분에 따라 일관성 없이 대응했습니다(탓할 일도 부끄러워할 일도 아닙니다). 두 사람은 딸의 행동에 달래는 방식으로 대응하며 정서적 '불균형'을 소통했고, 제이미는 부모님의 일관성 없는 행동을 거울처럼 그대로 따라 했습니다.

제이미의 부모님은 저와 처음 만났을 때 딸의 행동 때문에 무척 혼란스럽다고 했습니다. 이 나이대 아이들이 다 그런 것인지, 진단은 받지 않았으나 지원이 필요한 부분이 있는 것인지, 아니면 제이미가 그냥 선을 넘는 행동을 하는 것인지 알 수 없었습니다. 저는 가장 먼저 안개를 걷어내는 전략들(뒤에 이어질 내용)을 실행했습니다. 제이미가 누군가 봐주고 들어주고 있으며 안전하다는 느낌을 받을 수 있게 지원하는 것이었지요. 이 전략들은 행동 이면의 '이유'가 무엇이든 불안을 낮추고 스트레스를 줄이는 데 도움이 될 것이었습니다. 안개를 걷어내면 주변 어른들이 제이미의 행동에 숨겨진 근본 원인을 더 정확히 파악할 수도 있을 것이었습니다.

저는 지금도 제이미네 가족과 연락하며 지냅니다. 제이미는 이제 십 대 후반이 됐습니다. 비슷한 문제를 겪고 있는 부모님들과 학교 선생님들에게 경험자로서 어떤 조언을 해주고 싶은지 물어보니, 제이미는 "아이가 '미워'라고 하는 건 '필요해'라는 뜻이고 '저리 가'라고 하는 건 '곁에 있어줘'라는 뜻이란 걸 이해하려고 해주세요"라고 하더군요. 정말이지 맞는 말이 아닌가요!

이제 제이미의 부모님이 안개 너머를 보며 아이가 무엇을 소통하려고 했는지 알아차리는 데 도움이 됐던 전략들을 살펴보겠습니다.

화를 내기보다 호기심을 가져라

앞에서 말했듯 우리는 표면에 드러난 바람직하지 않은 행동을 마주하면 불편하거나, 슬프거나, 아이가 걱정되거나, 불안하거나, 답답하거나 하는 기분 때문에 행동을 그만두게 하거나 '고치고' 싶어 하는 경우가 참 많습니다. 충분히 이해할 수 있는 대응이지만, 이래서는 문제의 근본 원인을 파악할 수 없습니다.

다음에 아이와 갈등 상황에 놓이게 되면 가장 효과적인 첫 단계는 말 그대로 숨을 고르는 것이라는 점을 기억하세요. 숨을 마시고 내쉬다 보면 신경계가 안정되고 마음을 가라앉히는 데 도움이 됩니다. 그러면 헬리콥터 관점을 취하기 수월해지니 한 발짝 떨어져서 (화를 내는 대신) 아이의 행동에 호기심을 가질 수 있게 될 것입니다. 화가 아닌 호기심으로 언어를 재구성하는 순간 생각과 감정, 행동은 더 긍정적인 영향을 받게 됩니다. 이런 관점에서는 이제 전경을 볼 수 있습니다. 아이는 이 순간에 현상을 어떻게 인식하고 있었을까요? 제이미의 경우 막히는 도로 위 차 안의 관점을 취하고 있었기 때문에 모든 일이 문제로 느꼈습니다. 무례하게 굴고 요구를 많이 하는 것은 자신이 느끼는 불편한 감정에 대처하는 방식이었습니다. 제이미는 통제력을 잃은 느낌을 받았고, 그래서 바람직하지 않은 행동으로 집안 환경을 통제했습니다. '엄마, 아빠한테 버릇없이 굴면 잠깐 동안은 기분이 좋을 뿐이지만, 그래도 통제하고 있는 순간에는 통제력을 잃은 느낌을 피할 수 있으니 다른 불편한 감정을 느끼는 것보다는 나아'라고 생각했던 것입니다.

부정적 행동의 순환

이해하고 가야 할 매우 중요한 개념이 있어서 잠시 옆길로 새보려 합니다. 저는 자기 행동이 남에게 주는 고통과 혼란을 즐기는 듯한 아이를 도대체 어떻게 지원해야 할지 모르겠다고 당혹스러워하는 어른들을 자주 만납니다. 부정적 행동의 순환에 빠진 아이가 히죽거리거나 낄낄대는 모습을 보신 적이 있을 텐데, 이럴 때는 정말 화가 치밀어 오를 것입니다.

사람은 기분이 좋지 않으면 역기능적인 방법일지라도 기분을 좋게 만들 나름의 방법을 찾습니다. 아이에 따라서는 대화를 나누거나 위로해줄 어른을 찾기도 하고, 음악을 듣거나 운동을 하기도 하고, 비디오 게임에 열중하며 바깥세상에서 잠시 도피하려 하기도 할 것입니다. 그런가 하면 지금 느끼는 불편한 감정만 아니라면 어떤 감정이든 느끼기 위해 더 심한 행동을 하는 아이도 있을 것입니다. 당혹감이 됐든, 수치심이나 무능감, 두려움, 불안, 부당하다는 느낌, 그 외에 다른 수많은 감정이 됐든 말이지요.

여기서 많은 사람이 잘 이해하지 못하는 부분은(탓할 것도 부끄러워할 것도 없습니다) 아이가 부정적인 생각-감정-행동의 순환에 빠져 있을 때, 다른 사람들이 대응하는 방식에 따라 아이의 부정적 자기 인식을 강화해서 악순환이 다시 시작된다는 점입니다. 예를 들어 어떤 이유에서든 자신이 부족하다고 생각하는 아이는 무능감을 느끼며 무례하다고 여기는 방식으로 행동할 수 있습니다. 그러면 주변 사람들은 무례한 태도에 대응할 것이고, 이런 대응은 아이가 느끼는 공포와 무가치감을 악화할 것이며, 아이는 또 이런 감정을 바람직하지 않은 방식으로 표출할 것입니다. 이런 악순환이 반복되면서 아이는 부정적 패턴에 갇히게 됩니다. 나중에는 부정적인 생각-감정-행동의 순환에 너무 익숙해진 나머지 여기에서 위안을 느낄 정도가 되지요. 알수 없는 것보다는 모든 사람을 기분 나쁘게 하는 행동이 주는 익숙함이 훨씬 더 안전하다고 느끼기 때문입니다.

다행히 우리는 아이가 부정적 순환을 끊을 수 있도록 지원할 수 있으며, 헬리콥터 관점을 연습하는 것은 아주 좋은 시작점입니다.

요구하기보다 이해하라

제이미 이야기를 다시 떠올려보겠습니다. 제이미는 부모님에게 저리가라고 소리를 지르며 울다가도 막상 자리를 뜨면 따라와서 계속 울고불고한다고 했습니다. 제이미의 부모님은 아이에게 일관성 없이 대응했습니다. 상황을 당장 진정시키고 싶은 마음에 아이를 달래려하는가 하면, 어쩔 줄 모르고 '자신' 또한 울고 소리치기도 했습니다.

두 사람은 모든 행동이 욕구의 소통 수단이며 감정의 표현이라는 신념을 실천하는 것만으로 큰 돌파구를 얻었습니다. 앞 장들에서 봤듯 행동에 나서기 전에 마음가짐을 바로 했던 것이지요. 그러자 아이가 보이는 특정한 행동을 이해할 수 있게 됐고(받아들이는 것과는 다릅니다) 생각-감정-행동의 순환에도 긍정적 영향이 생겼습니다. 그동안 두 사람은 어떤 방법도 통하지 않는다고 느꼈기 때문에 하나라도 통하기를 바라며 제이미에 대한 대응을 계속 바꿨던 것이었습니다. 딸이 가진 정서적 연결의 욕구를 이해하고 나니(비록 처음에는 딸이 왜 이런 방식으로 욕구를 표현하는지 이해하지 못했지만) 더 일관되고 정서적으로 안정된 방식으로 대응할 수 있었습니다. 제이미가 "어쩌라고!"라며 소리를 지르는 순간에도 평정심을 잃지 않고 제이미의 마음을 보고 들을 수 있다는 것을 알려줄 수 있었습니다. 그런 다음에는 이런 식으로 **한계와 기대**를 다시 확인했습니다. "지금 네가 엄마, 아빠한테 불만이 있는 것 같구나. 그럴 수 있어. 하지만 오늘 저녁을 다시 만들어주지는 않을 거야."

아이와 (어떤 문제로든) 부딪히는 '순간'에는 한계와 기대를 다시 확인하며 누군가 봐주고 들어주고 있으며 안전하다고 느끼도록 해주세요. 아이가 지금 보이는 행동에 영향받아 아이에게서 보고 싶거나 목표로 삼은 행동을 바꾸지 않도록 하세요.

예방적 지원

이처럼 갈등이 일어난 '순간'에 '봐주고 들어주고 있으며 안전하다는 느낌'을 주는 전략을 활용하면 좌절감이 줄어들고 소통이 원활해져서 아이와 교감하는 데 도움이 되지만, 가장 효과적인 행동 지원은 대응이 아닌 예방입니다. 격앙된 '순간'이 아닌 매일의 평범한 일상에서 아이가 기분이 좋고 편안할 때 이런 느낌을 느끼게 해준다면 아이가 받아들이기도 당연히 더 쉬울 것입니다. 나 역시 아이가 괴로울 때보다 마음의 여유가 더 있을 것이므로 이런 때가 가르치고 배우기에는 항상 더 효과적이지요.

제이미의 부모님에게는 주말이 (일정에 쫓길 일이 적고 대체로 더 여유로워서) 제가 알려드린 도구들을 연습하기에 좋은 시간이었습니다. 앞에서 언급했듯 식사 시간은 제이미가 차려진 밥을 먹지 않겠다며 다른 음식을 요구하는 탓에 제이미네 가족에게 큰 스트레스가 될 때가 많았습니다. 저는 예방적 지원 차원에서 제이미의 부모님께 아이와 하루 전날에 저녁 메뉴를 상의하되 한정된 범위 내에서 선택지를 주라고 말씀드렸습니다. 제이미의 부모님은 **선택의 언어**를 써서 "내일 저녁밥으로 닭고기와 감자를 먹을래, 아니면 닭고기와 밥을 먹을래?"라고 묻곤 했습니다. 매번 제이미가 좋아하는 음식으로만 두 가지 선택지를 주었지만, 부모님 역시 받아들일 수 있는 내용이었습니다(만들 시간이나 마음에 없는 음식을 선택지에 넣으면 스트레스만 생길 것이므로 그렇게 하지 않았습니다). 그러면 제이미는 원하는 음식을 기쁘게 골랐고 자신이 먹는 것을 어느 정도 통제할 수 있다는 느낌을 받았습니다. 부모님이 자기 말을 들어주고 안전한 통제권을 주니 기분이 좋았습니다. 하지만 다음 날이면 자기가 고른 음식을 차려줘도 먹지 않겠다고 버티곤 했습니다. 주목할 만한 것은 아이의 행동이 아닌 부모님의 반응이었습니다. 제이미의 부모님은 예전처럼 냉정을 잃거나 아

3장 안개를 걷어내면 비로소 보이는 것

이를 진정시키려고 마지못해 완전히 새로운 음식을 차려주는 대신 일관된 말투와 몸짓으로 침착하게 대응했습니다. 자기가 고른 음식을 먹지 않으려 하는 제이미의 행동은 바랐던 행동이 아니었지만, 이런 상황에 미리 대비했기 때문에 더 차분히 대응할 수 있었습니다.

때를 골라라

아이가 기분이 좋고 마음이 열려 있을 때 예방적 지원 차원에서 가르쳐줄 수 있는 중요한 교훈들이 또 있습니다. 그중 핵심은 어려운 '순간'에 감정을 다스리는 방법입니다. 이것은 제가 제이미의 부모님께 고역이 되어버린 식사 시간과 관련해 아이와 함께 시도해보시라고 권했던 내용이기도 합니다. 구체적으로는 제이미가 저녁 식사 때 자기가 고른 음식을 먹지 않겠다고 하면 어떻게 할 것인지 연습하는 것이었습니다. 두 사람은 제이미가 부모님이 한계와 기대를 유지하기 위해 어떻게 대응할 수 있을지 의견을 냈을 때 뜻밖이면서도 기쁜 마음이 들었습니다. 그리고 그 상황에서 제이미는 어떤 기분이 들지, 그 기분을 표현하기 위해 어떤 말이나 언어를 사용해서 어떻게 대응할 수 있을지도 함께 이야기를 나눴습니다. 두 사람은 한계와 기대를 바꾸지 않을 것이라는 점을 제이미에게 주지시켰고, 제이미는 이 점을 충분히 이해한 듯했습니다.

다음 날 저녁 식사 때 한바탕 소동이 벌어진 '순간'에 제이미는 밥을 먹지 않겠다고 버티며 "어쩌라고!"라고 소리쳤고, 부모님이 자기를 신경 쓰지 않는다고 악을 썼으며, 부모님이 예전의 생각-감정-행동의 순환으로 돌아가게 하려고 할 수 있는 온갖 방법을 시도했습니다. 부모님은 대체로 평정심을 유지하며 일관성 있게 대응했습니다 (헬리콥터 관점을 취한 것이 도움이 됐습니다). 실수를 몇 차례 했을 때도 자신이나 서로를 탓하거나 부끄럽게 여기지 않았습니다. 최선을 다하고 있다는 것을 인정해주었고 시간의 압박이나 제약 없이 완벽이 아닌 발전을 이루는 것을 목표로 삼았습니다. 딸의 기분이 좋고 마음이 열려 있을 때를 골라 작은 발전을 함께 알아보며 기뻐했습니다. 시간이 지나면서 제이미네 가족은 다들 기분이 한결 나아졌고, 저녁 식사 시간을 훨씬 더 편안하고 즐겁게 보낼 수 있었습니다. 살얼음판 이던 집안 분위기가 바뀌고 나니 인생이 바뀐 것처럼 느껴졌습니다.

당혹스러워하는 대신 지속적인 지원을 제공하라

제이미가 정서적으로 불안정한 순간에 정말 필요로 했던 것은 부모님이 정서적 안정을 유지하는 것이었습니다. 아이들은 듣는 것보다 보는 것에서 더 많이 배운다고 했습니다. 그래서 부모님이 진정하라고 말했지만 정작 자신은 흥분을 가라앉히지 못했을 때는 거울 효과가 작용해서 진정하라는 말보다 불안한 기운에 반응했던 것입니다.

아이가 당신과 교감하며 봐주고 들어주고 있으며 정서적으로 안전하다는 느낌을 받을 기회가 있다면 예전처럼 행동이 격화될 위험은 크게 줄어들 것입니다. 하지만 그러려면 연습, 또 연습이 필요하다는 점을 기억하세요. 어쩌다 가끔 집중해 연습하려고 하면 어떤 '순간'에도 영향을 미치기 어렵지만, 마치 시험공부를 하듯 최우선으로 노력한다면 점진적 발전의 형태로 성과가 나타나기 시작할 것입니다. 아이가 현재 보이는 행동의 정도가 약하든 보통이든 심하든 간에 연습해보세요. 모든 아이에게 도움이 될 것입니다. 노력한 만큼 거둔다는 말도 와닿으실 테고요. 서두르지 마시고(우리는 모두 출발점이 다르니까요), 탓할 것도 부끄러워할 것도 없다는 말을 기억하세요.

보고 싶은 대로 본을 보여라

의사소통이라는 복잡한 주제를 두고 많은 연구가 나와 있는데, 1장에서 살펴봤듯 대부분 전문가는 의사소통의 상당 부분이 비언어적이며 거의 모든 뇌 활동이 무의식적이라는 내용에 동의합니다. 아이들은 대개 상대방이 무엇을 '말하는지'보다 '하는지'에 주의를 기울이며, 상대방의 기운이 미묘하게 달라져도 매우 예민하게 감지할 수 있습니다. 헬리콥터 관점을 억지로 취하며 웃는다고 해도 눈이 웃고 있지 않으면 아이는 귀신같이 알아챕니다! 적절한 어조로 말하려고 정말 열심히 노력해도 진심이 담겨 있지 않으면 바로 눈치채버립니다! 기분을 정말로 좋게 만들려면 무엇을 어떻게 해야 하는지는 다음 장

　　　　　Part1 아이를 지원하기 위한 마음가짐 갖기

에서 더 이야기해보겠습니다.

앞에서 말했듯 우리는 바람직하지 않은 행동을 마주하면 행동을 그만두게 하거나 '고치고' 싶어 하는 경우가 많습니다. 공포감을 조성해 통제하려 하거나 달래는 것과 같은 일관성 없는 대응은 당황스럽거나, 답답하거나, 압도되거나, 기진맥진한 느낌을 잠깐은 차단하거나 마비시킬 수 있을지 모릅니다. 하지만 이런 표면적 차원의 지원 방법을 잠재의식적으로 활용한다면 아이는 일관되지 않은 감정을 내면화할 것이며 근본 원인의 차원에서는 지원받지 못할 것입니다.

아이들은 대개 통제감을 느끼기 위해 바람직하지 않은 행동을 대처 기제로 삼으며 부정적인 생각-감정-행동의 순환에 빠진다고 했습니다. 아이를 계속해서 지원하고, 선택의 언어를 사용해 일관된 일과와 기대, 한계를 적용하며, 아이가 행복하고 기분이 좋을 때 지원 전략을 실행하고 연습하는 것과 같은 예방적 조치들은 바람직하지 않은 행동이 같은 방식으로 재발할 위험을 크게 줄입니다. 이런 유형의 부드러운 지원은 아이가 누군가 봐주고 들어주고 있으며 안전하다는 느낌을 받으려고 하다가 빠지는 부정적인 순환을 끊는 데 도움이 됩니다.

나부터 '아이가 되었으면 하는 사람'이 될 수 있다면 지원 도구 중에 이것만큼 큰 힘과 영향을 줄 수 있는 전략도 없을 것입니다. 바람직하지 않은 행동은 바람직하지 않은 행동으로 지원할 수 없고, 트라우마는 트라우마 반응으로 이겨낼 수 없으며, 불안한 아이는 불안한 상태에서 도울 수 없고, 행복과 균형은 불행하고 균형이 깨진 상태로 조성하고 촉진할 수 없기 때문입니다. 우리는 늘 현재 위치에서 최선을 다할 뿐이며, 그 과정에서 대개 긍정적인 영향을 미칠 것입니다. 우리는 인생을 살아가면서 이미 가지고 있는 기술과 지식을 발전시키는 데 도움이 되는 정보와 지식을 계속해서 축적합니다. 발전이 점진적으로 이루어지는 것과 마찬가지로 우리는 실패에서 성공으로, 무능에서 유능으로, 나쁜 행동 지원에서 좋은 행동 지원으로 나아가지 않습니다. 좋은 사람에서 더 좋은 사람으로, 약간의 진전에서 더 큰 진전으로, 기존의 지식과 기술에서 발전된 지식과 기술로 나아가게 되리라는 점을 기억하시기를 바랍니다.

행동 지원의 5C로 발전하기

이제부터는 제가 과거에 상담했던 가족의 사례를 들어 이번 장에서 지금까지 소개한 전략들을 실제로 어떻게 적용할 수 있을지 살펴보겠습니다. 1장에서 나온 5C(71쪽)로 다시 돌아가서 안개를 걷어내는 데 도움이 될 수 있도록 내용을 확장했습니다. 이 확장된 전략으로 넘어가기 전에 5단계(95쪽)를 꾸준히 연습해서 5C 전략을 체화하는 데 필요한 마음가짐을 익히시기를 바랍니다. 시간을 들여 앞의 내용을 숙지한 다음 시작해보세요.

+ 사례 연구 +

달린은 아들 조시를 전형적인 네 살배기로 묘사했습니다. 크게 걱정되는 부분은 없지만, 자신이 아들을 위해 최선을 다하고 있는지 확인하고 싶다고 했습니다(물론 달린은 최선을 다하고 있었습니다. 우리는 자기 위치에서 최선을 다할 수밖에 없고, 이것은 달린도 마찬가지였지요). 아이가 말을 듣지 않을 때가 종종 있는데, 이런 상황에 대체로 잘 대처한다고 생각하면서도 다른 방법은 없을지 의문이 생길 때가 있다는 이야기였습니다. 아이가 이렇게 말을 듣지 않는 일은 일과 중에 몇 번 정도 있다고 했습니다. 저는 달린에게 우선 집중해서 개선하고 싶은 영역을 하나 고르라고 요청했습니다(한 번에 모든 영역을 다루기보다 한 가지 영역부터 시작하는 편이 훨씬 더 감당하기 쉽습니다). 달린은 잠잘 준비를 하는 것에 집중하기로 했습니다. 자러 갈 때가 되면 아이가 뒤늦게 기운이 넘쳐서 잠잘 준비를 안 하고 시간을 질질 끌 때가 많았기 때문입니다. 조시는 침대를 오르내리며 방 안을 뛰어다니고, 잠옷을 머리 주변에서 휘두르며 춤을 추고, 자지러지게 웃으며 달린의 얼굴에 뽀뽀 세례를 퍼붓곤 했습니다. 저는 달린이 아이가 말을 듣지 않을 때도 아이를 일관되게 대할 수 있도록 돕기 위해 확장된 5C 전략을 활용하는 연습을

3장 안개를 걷어내면 비로소 보이는 것

함께 해보기로 했습니다.

> **소통:** 아이의 행동은 정서적 연결의 욕구를 소통하고 있습니다. **이유를 계속 자문해보세요. 아이의 욕구는 무엇이며, 나는 어떻게 아이를 도울 수 있을까요?**

저희는 먼저 네 살 아이가 자러 가는 것을 별로 좋아하지 않는 것은 지극히 정상이라는 이야기를 나눴습니다. 잠잘 준비를 하는 것에 관해 달린과 조시의 관점이 서로 다른 것은 당연했습니다. 대부분 어른과 아이가 그러니까요! 그다음에는 조시가 깨어 있는 시간을 거의 엄마와 함께 보내기는 해도 자야 할 시간이 되면 정서적 연결의 욕구가 커질 수 있다는 점을 살펴봤습니다. 잠들어 있을 시간이기는 했지만, 10~12시간은 네 살 아이가 엄마와 분리되어 보내기에 여전히 매우 긴 시간이었습니다. 조시는 이런 생각 때문에 취침 시간이 다소 불안하고 두렵게 느껴졌고, 그래서 이런 감정을 느끼지 않으려고 잠잘 준비를 미루는 행동을 대처 기제로 사용했던 것이었습니다. 조시는 '도움이 필요해요'라는 메시지를 전달하고 있었고, 달린은 아이의 행동 너머의 감정을 알아보고 아이에게 필요한 도움이 감정 저울의 균형을 맞추기 위한 '정서적' 지원과 연결이라는 사실을 이해할 수 있었습니다.

평정심: 이 순간은 가르치고 배울 기회입니다. 평정심을 유지하고 보고 싶은 대로 '본을 보이세요'.

조시의 행동을 '정서적 지원과 연결이 필요해요'라는 메시지로 인식할 수 있게 되자 달린은 상담 전에 간혹 그랬던 것처럼 화가 치밀지 않았습니다. 대신 아이가 기분이 좋고 안정된 상태일 때 이야기 나누고 역할극으로 연습했던 내용을 실제로 적용하며 가르치고 배울 기회로 이 순간을 활용했습니다. 달린은 차분하고 편안하고 즐거운 행동과 몸짓, 표정, 말투로 일관성 있게 아이를 대하며 아이에게 바라는 대로 평정심을 유지했고, 아이가 자신이 어떤 말을 하는지보다 '어떻게' 행동하는지를 보고 더 많이 배운다는 사실을 이해했습니다. 그러자 힘이 생기는 느낌이 들었습니다.

호기심: 아이가 느끼고 싶어 하는 감정은 무엇일까요? 나와 아이 모두를 위해 아이의 감정을 알아보고 인정해주세요.

달린은 차분하고 편안하고 즐거운 마음을 유지하며 자신의 상태를 말로써 조시에게 전달했습니다. "잠잘 시간이 되면 조금 걱정이 되나 보구나. 걱정스러운 기분을 느끼는 건 괜찮지만, 지금은 잠잘 시간이니까 잠옷을 입고 침대로 가야 해. 네가 방 안을 뛰어다니면 엄마는 쫓

아다니지 않을 거야. 엄마랑 시간을 보내고 싶으면 침대에 누워서 이야기를 읽기 전에 2분 동안 껴안고 있을 수 있단다." 이 전략을 처음 실행했을 때 조시는 여전히 방 안을 뛰어다녔고, 이때 달린은 아이가 그저 '감정 추구feeling-seeking'를 하고 있다는 것을 상기했습니다(정서적 연결감이나 좋은 기분을 느끼려고 하는 행동인데, 이때 아이가 느끼는 기분은 아드레날린이 솟구치는 것에 자주 비유됩니다). 이런 행동을 그만두게 하거나 '고치고' 싶은 마음이 들기는 했지만, 불편한 감정을 점차 편하게 받아들이며 아이가 진정할 때까지 기다렸습니다. 뛰어다니는 행동에 대해 주의를 주는 것은 다음에 아이가 기분이 좋을 때 연습하기로 다짐하고 5C를 일관되게 따랐습니다.

교감: 아이의 정서적 욕구를 어떻게 채워줄 수 있을까요? **일관된 일과, 한계와 기대, 선택의 언어로 정서적 균형을 맞춰주세요.**

달린은 이 전략들을 실행하기 전에 새로운 수면 의식bedtime routine을 만들고 그날 저녁 일과가 어떻게 될지를 조시와 함께 낮에 연습했습니다. 제이미의 부모님이 그랬듯 아이가 기분이 좋고 편안하며 마음이 열려 있을 때를 신경 써서 골랐지요. 조시는 겨우 네 살이고 글을 아직 읽을 줄 몰랐기 때문에, 아이가 저녁 일과를 기억할 수 있게 도와주기 위해 나이에 적합한 신호들을 사용했으며 해야 할 일을 나타낸 그림들을 인쇄하고 코팅해서 이런 순서로 배열했습니다.

1. 잠옷

2. 칫솔

3. 침대

4. 아이와 어른이 껴안고 있는 모습

5. 책

각 그림 아래에는 조시가 각각의 활동을 마친 뒤 체크 표시를 할 수 있게 빈칸을 만들었습니다. 달린은 수면 의식을 그림으로 나타낸 시간표를 만드는 내내 아이에게 목적을 설명해주며 시간표가 취침 시간 전에 안정감을 더 느끼는 데 도움이 되리라는 점을 이해할 수 있게 했습니다. 그리고 선택의 언어를 사용해서 시간표를 만드는 과정에 아이를 참여시키며 자신에게도 권한이 있다는 느낌을 받게 했습니다. 이를테면 "조시, 네 시간표에서 이를 닦는 게 1번이었으면 좋겠어, 잠옷을 입는 게 1번이었으면 좋겠어?"라고 의견을 물었습니다. 여기서 중요하게 언급할 점은 선택의 언어를 사용하면 나와 아이 모두에게 동시에 권한을 부여하게 된다는 것입니다. 조시는 어쨌든 이를 닦고 잠옷을 입어야 했지만(어른에게 부여된 권한) 순서는 스스로 정할 수 있었습니다(아이에게 부여된 권한). 달린은 조시에게 일과의 순서를 정하고 나면 저녁마다 시간표에 나온 일들을 하는 것이 기대된다고 분명하게 말해주었습니다. 조시가 (당연하게도) 한계를 시험하며 여전히 방안을 뛰어다녔을 때는 아이가 그저 좋은 기분을 느끼려고 감정 추구를 하고 있다는 것을 다시 한번 상기했고, 아이에게 이야기를 읽기 전에 2분 동안 껴안고 있을 수 있도록 잠옷을 입고 이를 닦고 침대에 누우라고 다시 요청했습니다. 달린이 설정한 한계는 시간적 한계였습니다. 껴안는 시간은 2분으로 제한했고(달린이 시간을 알려줄 용도로 선택한 모래시계 역시 조시를 위한 시각적 신호였습니다) 이야기는 밤마다 하나만 들려주는 것으로 제한했지요. 달린은 침착한 태도를 유지했으며 불편한 감정을 점차 더 편하게 받아들이게 됐습니다. 속으로는 이런 말을 되뇌었습니다. '아이를 재우는 게 어려울 수도 있지, 괜찮아', '아이가 '완벽'하지 않을 수도 있지, 괜찮아', '지금 약간 피곤할 수도 있지, 괜찮아', '필요하면 좀 쉬었다 할 수도 있지, 괜찮아. 이 부분은 나중에 다루고 연습하면 돼'.

전달: 이 순간 아이의 관점에서 내 행동이 어떻게 보일까요? (아이와 나를 위해) **점진적 발전을 꾸준히 지원하고 인정하고 칭찬하세요.**

처음에 달린은 조시가 잠자리에 든 뒤 아이의 관점에서 자기 행동을 돌아봤지만, 5C를 연습하면서 나중에는 아이와 함께 있는 순간에

Part1 아이를 지원하기 위한 마음가짐 갖기

그렇게 할 수 있게 됐습니다. 달린은 아이가 여전히 방 안을 뛰어다니더라도 잠옷을 입고 이를 닦았다면 인정하고 칭찬했습니다. 이야기를 하나만 더 읽어달라고 사정하며 울더라도 잠옷을 입고 이를 닦고 바로 침대에 누웠다면 인정하고 칭찬했습니다. 잘 자라고 인사할 때 여전히 울더라도 잠옷을 입고 이를 닦고 침대에 누워서 2분 동안 껴안고 있다가 이야기를 하나 읽었다면 인정하고 칭찬했습니다. 이런 과정을 거치면서 조시는 결국 차분하게 잠잘 준비를 할 수 있게 됐습니다. 다만 불을 끈 뒤에 침대 밖으로 나올 때가 가끔 있어서, 그럴 때는 다시 가서 이불을 덮어줘야 했지만 말입니다.

달린은 자신과 조시가 얼마나 발전했는지 돌아보며 기뻐할 수 있었습니다. 달린의 침착한 대응 면에서도 정말 먼 길을 온 것이었지요. 처음에는 억지로 하는 느낌이 없지 않았지만 침착한 태도를 유지하다 보니 마음이 정말로 평온하고 행복했습니다. 달린은 발전이란 두려움과 죄책감이 이따금 찾아오는 분노로, 또 좌절감, 희망, 행복으로 옮겨가는 과정이라는 사실을 깨닫고 큰 힘을 얻었다고 했습니다. 이것은 달린이 5C를 꾸준히 연습하는 동기가 됐습니다. 달린의 목적은 완벽이 아니라 발전이었습니다.

결국 인식을 바꾸면 자유롭다

아이를 지원할 때 마음가짐을 바꾸면 생길 수 있는 엄청난 변화를 목격하는 것은 정말 멋진 일입니다. 이 책의 첫 장에서부터 발전시켜온 내용을 보시면서 이 여정의 열쇠가 인식이라는 점을 분명히 느끼셨기를 바랍니다. 인생의 정말 많은 부분이 인식과 관련되어 있으니까요! 우리는 어른이 되어서도 여전히 배우고 있으며, 지원을 제공하는 데 중요한 측면은 바람직하지 않은 행동을 볼 때 불편한 감정이 드는 것을 편하게 받아들이는 것입니다. 관점이 바뀌면 행동을 '고치려고' 하는 대신 가르치고 배울 기회를 볼 수 있게 되어 매우 자유롭습니다. 더 이상 도움이 되지 않는 신념을 바꾸고 행동을 소통 수단으로 인식하면 정서적 지원 전략들을 일관성 있게 실행할 수 있습니다. '봐주고 들어주고 있으며 안전하다는 느낌'을 주는 기법 같은 일부 전략은 대개 문제 상황 도중에 활용하게 되겠지만, 이런 전략을 아이가 기분이 좋을 때 실행하고 함께 연습하며 예방적으로 활용하는 일에도 차츰 익숙해질 것입니다. 이 전략들은 바람직하지 않은 행동이 같은 방식으로 나타날 위험을 점차 줄이며 갈등 상황을 줄이고 아이의 정서적 안정감을 키워줄 것입니다. 다만 발전은 점진적으로 이루어지며, 사람에 따라 필요한 시간이 다를 수 있다는 점을 유념하시기를 바랍니다.

- 아이는 감당하기 벅찬 큰 감정을 행동으로 소통합니다. 아이와 교감하며 아이가 느끼는 감정이 무엇인지 알아보세요.

- 화를 내기보다 호기심을 가지세요.

- 요구하기보다 이해하려고 해보세요.

- 당혹스러워하는 대신 아이를 지원해주세요.

- 보고 싶은 대로 본을 보이세요.

- 일관된 일과, 한계와 기대를 설정하고 유지하며, 선택의 언어를 사용하세요.

- 대응적 조치보다 장기적인 예방적 지원이 더 효과적입니다. 아이가 화가 났거나 대답하고 싶은 기분이 아닐 때는 피하고 기분이 좋을 때를 골라 이번 장에 나온 전략들을 실행하고 연습해보세요.

아이의 무례한 태도에
대처하기

아이가 나와 가족, 친구, 같은 반 아이에게 무례하게 굴면 화가 치밀 수 있습니다. 어렸을 때 버릇없이 구는 것을 전혀 용납하지 않는 방식으로 가정이나 학교에서 교육받았다면 더더욱 그럴 것입니다. 하지만 무례한 태도는 아이가 제 의사를 표현하거나 스트레스나 불안을 느끼고 있다고 소통하는 방식인 경우가 많습니다. 나를 콕 집어 공격하는 것처럼 느껴질 때가 있기는 하지만, 실은 '자기가' 느끼는 불편한 감정을 쏟아내는 것일 뿐이라는 점을 기억하세요. 아이의 뇌는 아직 완전히 발달하지 않아서 언어 학습과 정보 처리 면에서 여러 인지 발달 단계를 거치게 됩니다. 그러니 아이가 어른처럼 행동하지 않는 것은 매우 당연합니다. 여기에서는 무례한 태도에 휘둘리지 않으면서 아이를 지원하는 방법들을 소개하려 합니다.

다음에 나오는 제언들은 책 전반에 걸쳐 더 자세히 다뤄지니, 참조된 페이지에서 더 많은 내용을 확인해보세요.

- **보고 싶은 대로 본을 보여라**(138쪽): 아이의 감정의 파도에 휩쓸리지 말고 폭풍우가 치는 바다에 뜬 구조선이 되세요. 아이에게서 보고 싶은 모습을 아이에게 하는 대응으로 직접 보여주세요. 아이가 스트레스를 받기보다 마음을 편히 먹기를 바란다면 본보기를 보이세요. 무례한 태도에 대처할 때 가장 큰 학습 도구가 되는 것은 말이 아니라 행동입니다. 감정적 포화 상태(158쪽)가 되지 않도록 평소에 안녕감을 꾸준히 유지한다면 충분히 가능할 것입니다.
- **정서적 지원**(148쪽): '봐주고 들어주고 있으며 안전하다는 느낌'을 주는 기법으로 아이가 느끼는 감정의 정당성을 인정해주고(걱정하지 마세요, 행동이 아니라 행동 이면의 감정이 정당하다고 인정해주는 것입니다) 한계와 기대(277쪽)를 다시 확인하세요.
- **정서적 연결**(170쪽): 아이와 안정 애착을 형성하는 것이 핵심입니다. 무례한 행동이 재발할 위험을 줄이려면 교감 시간을 정기적으로 꾸준히 마련하세요.
- **예방 연습**: '이러이러할 때는 어떻게 하면 좋을지' 아이와 함께 미리 반복해

151

서 연습해보세요. 아이들은 스트레스를 받거나 불안하면 대개 잠재의식에서 나온 행동으로 되돌아갑니다. 아이가 기분이 좋을 때, 그러니까 감정적 포화 상태가 아닐 때 무례한 행동에 기대는 대신 답답한 마음이나 스트레스를 해소할 수 있는 다른 방법들을 함께 연습해보세요. 그런 뒤 조금씩 발전하는 모습을 알아보며 아이와 함께 기뻐해주세요(103쪽).

4장

아이와 나의
안녕감

우리가 이렇게 바빴거나 시간이 부족했던 적이 또 있을까요? 동시에
해야 할 일이 끝도 없이 이어지고, 언제든 연락을 받을 수 있게 '대기'
해야 한다는 압박감까지 더해지니 도무지 쉴 틈이 나지 않습니다. 우
리는 대부분 마치 여러 개의 접시를 돌리는 곡예사처럼 가정생활과
일, 인간관계, 돌봄의 의무, 그 외에도 많은 책임을 병행하고 있습니
다. 하나라도 더 끼워 넣었다가는 아슬아슬하게 균형을 잡고 있던 접
시들이 와장창 깨져버릴 것 같은 느낌이랄까요. 저는 아이를 지원하
기 위해 완전히 새로운 접근법을 취해야 한다고 말씀드렸는데, 살면
서 해야 하는 많은 일 중에서 이것을 우선순위에 두기란 쉽지 않을

수 있습니다. 그래서 그 과정에서 '나' 역시 지원이 필요합니다. 어떻게 과부하가 걸리지 않을 수 있냐고 묻는 말에 제가 하는 대답은 늘 같습니다. 마음 건강, 즉 안녕감wellbeing을 대개 유지하고 있어서 가능한 일이라고요('대개'라는 말을 붙인 것은 절대 완벽하지 않기 때문입니다. 그래도 늘 발전하고 있습니다). 내 아이든 직업적으로 만나는 아이든, 아이를 돌보는 일은 매우 보람되면서도 고된 일입니다. 행동 지원이 더 많이 필요한 아이가 있다면 감정 소모가 더욱더 커지니, 자신을 소진되지 않게 돌보는 것은 절대 타협할 수 없는 문제입니다.

우리는 '누구나' 좋은 기분을 느끼고 싶어 하고 정서적으로 안전하다는 느낌을 받고 싶어 합니다. 다시 말해 대체로 행복감을 느끼며('항상' 행복할 수 있는 사람은 없지요) 정서적 균형을 이루고 싶어 한다는 뜻입니다. 이런 욕구를 추구하는 방법은 사람마다 다를 수 있습니다. 이 책을 읽으며 떠올린 아이나 아이들이 있을 것입니다. 아이들은 통제감, 나아가 안전감을 유지하기 위해 자신을 지키는 다양한 방법을 배워왔고 지금도 배우고 있습니다. 어떤 아이들은 바람직하지 않은 방식으로 정서적 연결을 추구하면서 특정한 행동을 하면 환경을 일시적으로 '통제'할 수 있다는 것을 배우기도 합니다. 그래서 행동 지원 전략이 표면적 차원에 머물지 않고 아이들이 성장하며 체화할 수 있는 내적 지원 전략이 되는 것이 무엇보다 중요합니다. 아이들이 주변 상황과 관계없이 안녕감을 유지하는 방법을 배울 수 있으려면 나

Part1 아이를 지원하기 위한 마음가짐 갖기

부터 이런 방법을 실천하는 모습을 보여주어야 합니다.

우선순위는 결국 '나'

행동 지원 전략들을 이해하는 것도 좋지만, 전략들이 효과가 있고 지속적인 영향을 미치려면 지금과는 다른 마음가짐을 유지할 수 있게 준비해야 합니다. 이 책의 핵심은 (또 다른 긴 할 일 목록이 아니라) 행동을 효과적으로 지원하기 위한 존재 방식을 권장하는 것입니다. 마음가짐이 긍정적이면 다른 모든 일은 훨씬 덜 힘들게 느껴집니다. 자신의 안녕감을 돌보는 것이 자기중심적이거나 심지어 이기적이라고 생각하는 사람이 많은데, 그렇지 않다는 말씀을 드리고 싶습니다. 오히려 그 반대입니다. 나의 안녕감이 온전해야만 남도 돌볼 수 있으므로 나를 위해 시간을 내는 것은 주변 사람 모두에게 도움이 되는 일입니다. 이번 장에 나오는 제언을 건너뛴다면 아이에게 제공하는 지원의 효과는 떨어질 것입니다.

나부터 건강한 모습을 보여라

앞 장에서 아이는 어른의 말보다 행동을 보며 더 많이 배운다고 했습니다. 의사소통의 93퍼센트가 비언어적이라는 점을 고려하면 아이들이 알아챌 수 있는 잠재의식적인 에너지가 그만큼 많다는 것을 알 수 있습니다! 이것은 행복한 척을 해서는 아이의 장기적 행동 수정을 기대하기 어렵다는 뜻이기도 합니다. 실제로는 괜찮지 않으면서 괜찮다고 말할 때, 힘없이 웃을 때, 말하는 내용은 긍정적이지만 목소리 톤이나 높낮이는 그렇지 않을 때 아이들은 무언가 이상하다는 것을 눈치챕니다. 그러니 우리는 이 행동 지원의 요소를 정말 중요하게 받아들여야 합니다. 사람들이 종종 간과하거나 대수롭지 않게 여기는 부분이지만, 저는 이것이 가장 중요한 요소라고 말하고 싶습니다.

여기서 중요하게 언급할 점은 경증에서 중증, 급성 또는 만성까지 다양한 정신 질환을 앓고 있는 사람들도 아이들에게 효과적인 행동 지원을 제공할 수 있다는 것입니다. 다만 '나' 역시 개인의 상황에 따라 필요한 지원을 받는 것이 무엇보다 중요합니다. 나의 실제 경험을 통해 아이에게 건강한 대처 방법을 보여준다면 아이는 회복력을 기를 수 있습니다. 중요한 것은 (어차피 존재하지 않는) '완벽'한 사람이 되거나 '부정적' 감정을 절대 드러내지 않는 것이 아니라 자신을 진솔하게 드러내고 마땅히 받아야 할 지원을 받아들이는 것입니다.

+ 사례 연구 +

제 친구 재닌은 오랜 시간에 걸쳐 '대처'의 기술을 완벽히 익혔지만, 겉과 달리 속은 불안으로 가득했습니다. 겉으로 보기에는 세 아이의 육아와 일을 잘 병행하고 있었고 결혼 생활과 친구, 가족과의 관계도 원만했습니다. 하지만 속으로는 물에 빠져 허우적대고 있는 느낌이었습니다. 세상을 향해 웃어 보이는 일이 압박으로 다가왔고, 정신적, 감정적, 신체적으로 지쳐 있었습니다. 멈추지 않는 러닝머신에 올라 닿을 듯 닿지 않는 만족과 완전이라는 목적지를 향해 달리고 있는 것만 같았습니다.

재닌은 자기가 언제 힘들어하는지, 속으로 어떤 감정을 느끼고 있는지 아이들이 전혀 모르리라고 확신했습니다. 스트레스를 받아도 아이들에게 부담을 주기 싫어서 꼭꼭 숨겼던 것이지요. 하지만 재닌의 생각과 달리 아이들은 말로 표현하지 못했을지 몰라도 다 괜찮지는 않다는 것을 본능적으로 '느낄' 수 있었습니다. 게다가 엄마를 보며 '기분이 나쁠 때는 기분이 좋은 척하고 다른 사람들에게 숨겨서 겉으로 괜찮은 것처럼 보여야 한다'고 배우고 있었습니다. 아이들이 워낙 잘 숨긴 탓에 재닌과 남편은 아이들이 이런 행동을 알아챘다는 사실을 전혀 몰랐습니다. 아이들은 근원적인 불안을 느끼면서도 (엄마가 늘 그랬듯) 겉으로는 아무렇지 않은 척 웃어 보였던 것입니다.

이런 상황은 흔히들 겪는 것이니, 내 이야기처럼 와닿는다고 해서 탓할 것도 부끄러워할 것도 없습니다. 우리는 모두 현재 위치에서 최선을 다하고 있으니까요. 저 역시 너무도 많은 중요한 일들을 동시에

4장 아이와 나의 안녕감

처리하며 하루하루를 버티듯 살다 보면 자아가 사라진 느낌이 들 때가 있다는 말에 충분히 공감이 갑니다. 일반적이지 않다고 볼 수도 있지만, 이런 삶의 방식은 생각보다 훨씬 더 흔합니다. 우리가 다양한 대처 기제를 사용하고(예전의 제 대처 기제는 주변을 전부 깔끔하게 정리하는 것이었습니다) 여기에 매우 익숙해지는 이유는 대처 기제가 일시적으로, 심지어 평생 이런 삶의 방식을 정상이라고 여기게 해주기 때문입니다.

이어지는 내용은 제가 재닌에게 소개한 안녕감을 높이는 전략입니다. 재닌은 이 전략을 실천하면서 불안과 압도감을 점차 줄여나갈 수 있었습니다.

나를 가득 채우는 감정들(감정적 포화 상태)

물이 90퍼센트 정도 차 있는 컵을 떠올려보세요. 이 물이 나의 부정적 감정이라고 잠시 상상해보겠습니다. 이를테면 불안이나 걱정, 스트레스, 압도감, 피로, 좌절감, 분노, 압박감이 90퍼센트 차 있는 것입니다(내 상황에 맞는 감정을 대입해보세요). 90퍼센트가 차 있으면 생각할 여유, 즉 '판단하고 반응하고 대응할' 여유는 10퍼센트밖에 남지 않습니다. 생각과 감정, 행동에 적용해 말하자면 막히는 도로 위 차 안의 관점에 갇히게 된다는 뜻입니다. 여유가 10퍼센트밖에 없으면 부정적 감정을 키우는 것만 보이고 생각하게 될 것이며, 그러면 내 행동에도, 상대방에 대한 반응과 대응에도 영향이 가게 됩니다.

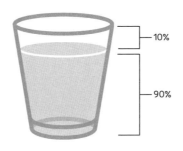

+ 사례 연구 +

제가 교장으로 일하던 때 일곱 살쯤 된 앨피라는 멋진 아이가 학교에 들어왔던 것이 기억납니다. 가끔 바람직하지 않은 행동을 하기는 했지만, 이런 행동은 자신에 관한 부정적 감정을 소통하는 수단일 뿐이라는 점을 분명히 볼 수 있었습니다. 그래서 저는 매일 아침 아이들과 인사를 나눌 때마다 앨피에게 따로 인사를 하려고 특별히 노력했습니다. 누군가 봐주고 들어주고 있으며 안전하다는 느낌을 받게 해주고 싶었던 것입니다. 마찬가지로 하교 시간에는 내일 또 보기를 기대한다는 말로 아이를 배웅하곤 했습니다. 그러던 어느 날 제가 다른 곳에 정신이 쏠려 있을 때가 있었습니다. 엄마가 치매 진단을 받으신 지 얼마 안 된 터라 아직 모시고 살기 전이었고, 엄마를 어떻게 돌봐드려야 하는지 아직 알아가고 있던 시기였습니다. 당시 엄마는 집 밖을 돌아다니다가 방향 감각을 잃고 길을 헤매기 시작할 정도로 상태가 나빠진 단계였습니다. 그래도 이런 일이 일어나면 제가 엄마를 찾으러 갈 수 있도록 휴대폰으로 걸려오는 전화를 받고 가장 가까운 도로 표지판을 읽어주실 수는 있었습니다. 이날은 학교 일이 많이 쌓여 있어서 혹시라도 오늘 같은 날 엄마가 길을 잃고 헤맬까 봐 걱정이 컸습니다. 이런 생각 때문에 걱정과 불안과 근심에 사로잡혀 하루를 보내던 저는 일과가 끝날 무렵 평소처럼 앨피에게 다가가 인사를 건넸다가 아이의 반응에 놀라고 말았습니다. 앨피는 이렇게 물었습니다. "선생님, 오늘 무슨 일 있었어요? 뭔가 이상했어요."

앨피는 저희 엄마 일을 알 리 없었는데도 생각과 감정 때문에 어딘가 달라진 제 행동을 눈치챘습니다. 무엇 때문이었는지는 지금까지도 잘 모르겠습니다. 눈은 웃지 않고 입만 웃고 있었을지도 모르고 목소리 톤이 달랐거나 몸짓에서 평소보다 긴장이 느껴졌을지도 모릅니다. 확실한 것은 감정이 90퍼센트가량 차 있어서 행동에 쓸 여유가 10퍼센트밖에 없다 보니 덜 차 있을 때와 행동하는 방식이 달랐다는 점입니다.

나를 가득 채우는 감정이 무엇인지 잠시 생각해보세요. 저는 피로

Part1 아이를 지원하기 위한 마음가짐 갖기

감이나 엄마의 미래에 관한 걱정이 가장 먼저 떠오르네요. 내 잠재의
식에 프로그래밍 된 것, 그러니까 당시에는 의식하지 못할지 몰라도
특정한 감정을 느꼈을 때 저절로 하게 되는 감지하기 힘든 행동을 더
의식적으로 자각해보세요. 이것을 더 잘 의식하게 되면 내 인생의 운
전대를 다시 잡을 수 있습니다.

인생의 운전대를 잡아라

나의 안녕감을 우선순위에 놓으면 아이는 물론 다른 모든 사람을 더
잘 지원할 수 있습니다. 정말 이렇게 간단한 문제입니다. 아이가 제
감정과 행동에 영향을 미치는 생각을 통제할 수 있게 지원하려면 나
역시 그럴 수 있어야 합니다. 나도 아이와 마찬가지로 감정이 90퍼
센트 차 있다면 적절한 도움을 줄 수 없습니다. 앞에서 살펴봤듯 나
부터 아이가 되었으면 하는 사람이 되어야 하며, 진정으로 그런 사람
이 '되기' 위해서는 나의 안녕감과 정서적 안전감을 우선순위에 놓아
야 합니다. 나빴던 기분을 단번에 좋게 만들거나, 90퍼센트 차 있던
감정을 갑자기 50퍼센트로 줄일 수는 없습니다. 감정은 스위치처럼
껐다 켰다 할 수 있는 것이 아니니까요. 그렇다면 해결책은 무엇일까
요? 바로 나의 안녕감을 보호하고 계속 유지하는 것입니다.

　제 방법론 전체를 뒷받침하는 효과적인 행동 지원의 핵심 전략은
바로 기분이 좋아지는 활동을 찾아서(무엇이든 좋습니다!) 날마다 5분

씩이라도 꾸준히 실천하는 것입니다. 예를 들어 저는 아침에 차를 마시거나, 명상이나 산책, 목욕, 독서를 하거나, 할 일 목록을 작성하거나, 종이 일기장에 글을 쓰는 등 저를 위한 시간을 매일 틈틈이 내고 있습니다(311~313쪽에 더 많은 아이디어가 있으니 참고하세요). 엄마의 건강이 처음 나빠지기 시작했을 때 90퍼센트에 달했던 감정의 수위는 안녕감을 높이는 활동을 날마다 조금씩 꾸준히 실천하며 서서히 낮아졌습니다. 이제는 30퍼센트 정도 수준으로 일상생활을 하고 있어서 10퍼센트만으로 움직였던 예전과 달리 70퍼센트의 여유가 생겼습니다. 이런 소소한 자기 돌봄의 행위가 일상으로 자리 잡을수록 컵에 찬 감정은 줄어들고 내가 원하는 대로 생각하고 판단하며 반응하고 대응할 수 있는 여유는 점점 더 늘어날 것입니다.

여기서 중요한 점은 살다 보면 이런저런 일이 있기 마련이니 예상하지 못했던 일이 생기면 감정이 다시 차오를지도 모른다는 것입니다. 그래도 괜찮습니다. 그동안 안녕감을 높이는 활동을 적극적으로 실천해왔기 때문이지요. 이제는 90퍼센트가 차 있는 상태에서 사실상 넘쳐흐르는 상태가 되는 대신, 30퍼센트에서 50퍼센트 정도로만 차오를 수도 있을 것입니다. 일시적으로 정신을 흐트러뜨리는 일들에 대처할 수 있으려면 나의 안녕감을 돌보는 일은 필수입니다.

309~311쪽 자료를 활용해서 감정이 얼마나 차 있는지 기록해보세요.

Part1 아이를 지원하기 위한 마음가짐 갖기

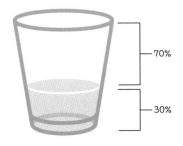

+ 연습하기 +

기분이 좋아지는 활동들을 목록으로 정리한 뒤 당장 지금부터 날마다 실천해보세요. 1주, 1개월, 3개월 뒤에 기분이 어떤지 기록해보세요 (313쪽에 도움이 될 만한 자료가 있으니 참고하세요).

내면을 단단하게 만들어주는 외부의 지원

날마다 나를 돌보는 것이 습관이 되면 아이를 더 잘 지원할 수 있게 됩니다. 아이가 자신을 스스로 지원하는 방법을 배울 수 있다는 것을 알고, 기분이 좋지 않을 때 안녕감을 높일 수 있다는 것을 알면 얼마나 큰 힘이 날지 상상해보세요. 이것은 아이가 어른으로 성장하며 연마할 수 있고 아이에게 평생 자산이 될 훌륭한 도구입니다.

감정 온도 체크

앞 장들에서 살펴봤듯 아이가 내면에서 느끼는 정서적 확신, 안정감, 안전감은 우리가 아이의 심리적 안전감psychological safety을 지원할 때, 즉 아이가 누군가 봐주고 들어주고 있으며 안전하다는 느낌을 받을 때 자라납니다. 일과를 지키고 선택의 언어를 사용해 한계와 기대를 부드럽게 일러주는 것 외에도 활용하는 습관을 들여야 할 안녕감 도구는 바로 제가 '감정 온도 체크'라고 부르는 것입니다. 298쪽에도 추가 자료가 나와 있으니 참고해보시기를 바랍니다.

방법은 이렇습니다. 아이가 기분이 좋고 안정된 상태일 때 아이에게 지금 느끼는 감정이 온도계 눈금 1에서 10 중 어디에 해당하는지 물어보세요(1은 가장 낮은 온도로 평온하고 행복한 기분을 나타내며, 10은 가장 높은 온도로 나쁜 기분을 나타냅니다). 처음에는 온도가 낮은 감정부터 시작하세요. 지치고 화났을(뜨거울) 때보다 마음이 편안할(시원할) 때 자기가 느끼는 감정을 판단하기 더 쉬울 테니까요. 아이가 눈금 숫자를 정했다면 아이의 말을 되풀이하며 감정을 인정해주세요. 이 연습을 아이가 강아지를 쓰다듬고 있거나, 친구들과 있거나, 음악을 듣고 있을 때처럼 다양한 상황에서 여러 번 반복하세요. 다음에는 중간 온도의 감정으로 넘어가서 마찬가지로 아이의 대답을 인정해주고 감정은 그때그때 알아차리는 것이 좋다고 말해주세요. 감정을 바로 알아차리면 감정(온도)이 끓어오를 위험이 크게 줄어들며, 이것은 다른 선택을 할 수 있다고 인정할 때도 마찬가지라고 말해주는 것입니다(여기서 다른 선택은 다른 감정을 느끼겠다는 선택이 아니라 다른 행동을 하겠다는 선택입니다).

아이들은 저와 처음 만나면 특정한 감정이 올라올 때 통제력을 잃는다는 말을 자주 하는데, 감정 온도 체크는 이런 아이들에게 안전한 통제권을 줍니다. 아이가 이 도구를 활용하는 데 익숙해지면 마지막으로 뜨거운 감정을 구분하게 하고 같은 과정을 반복하세요. 여기서 목표는 뜨거운 감정을 다시는 느끼지 않는 것이 아니라, 감정은 시간이 갈수록 쌓이며 이런 감정을 다스리는 데는 바람직하지 않은 행동 말고도 다른 방법이 있다는 점을 인식하는 것입니다.

이렇게 감정 온도를 점검하는 이유는 아이가 제 생각과 감정이 행동에 어떤 영향을 미치는지 깨닫게 하기 위해서입니다. 아이들은 자기가 왜 그렇게 반응하거나 행동하는지 모르겠다거나, 기분이 좋거나 화나는 것 외에 다른 여러 감정을 느낀다는 것을 모르겠다고 말할 때가 많습니다. 제 감정을 자각하고 인지하게 되면 감정의 파도에 휩쓸리는 일 없이 제힘으로 바다를 항해할 수 있다는 사실을 깨닫고 힘을 얻을 수 있습니다. 감정을 느끼면서도 그 감정에 휘말리지 않는 법을 배우게 되면서 특정한 감정에 압도당할 것 같은 두려움은 점차 줄어듭니다.

아이들은 저마다 다르고 어린아이들은 욕구를 소통하는 다른 방법들을 여전히 배워나가는 중이므로, 아이에 따라서는 큰 소리로 우는 것과 같은 행동을 반복하는 일이 있을 수 있습니다. 감정 온도계는 이런 행동을 당장 멈추는 데는 도움이 안 될 수도 있지만(도움이 될 때도 있다고 알려져 있기는 합니다), 아이가 감정의 언어에 더 능통한 사람으로 자라날 수 있게 도와줄 것입니다. 성인기가 되어서까지 감정을 억누르는 대처 전략을 발달시키는 대신 제 감정을 편하게 마주하고 이야기할 수 있도록 말이지요.

우리는 격앙된 순간, 즉 아이가 성질을 부릴 때처럼 감정이 너무 차 있어서 어른이 하는 말을 받아들이기 어려운 순간에 가르치려고 하는 경우가 정말 많습니다. 꽉 찬 컵의 비유를 들어 말씀드렸듯 아이가 반응하고 대응하려면 충분한 여유가 필요하므로 이 점을 잊지 마시고 나중에 아이가 흥분을 가라앉혔을 때 가르칠 기회를 다시 마련해보시기를 바랍니다.

+ 사례 연구 +

제가 오로라네 가족과 감정 온도 체크를 연습하던 때 오로라는 겨우 여섯 살이었습니다. 엄마인 로지는 아이가 기분이 좋고 감정이 가득 차 있지 않을 때(그래서 엄마의 지도를 받아들일 여유가 있을 때) 인형 놀이를 하며 감정을 구분할 수 있게 지원했습니다. 온도계 그림의 눈금을 가리키며(299쪽에 비슷한 자료가 있으니 참고하세요) 지금 어떤 감정을 느

Part1 아이를 지원하기 위한 마음가짐 갖기

끼는지 묻곤 했습니다. 오로라는 이 연습을 여러 번 되풀이하면서 자신이 언제, 어떤 상황에서 1이나 2의 감정을 느끼는지 이해하게 됐습니다. 이를테면 인형 놀이를 할 때나, 강아지 몰리와 공원에 나가 놀 때나, 앤드루 삼촌이 저녁을 먹으러 집에 들렀을 때가 그랬지요. 다음으로 로지는 공원을 나와야 하거나 앤드루 삼촌이 돌아가야 할 시간이 됐을 때처럼 온도계 눈금의 숫자가 더 높은 순간을 포함했고, 오로라는 이런 순간에 느끼는 감정을 5나 6으로 분류했습니다. (여기서 유의할 점은 눈금의 숫자가 '더 높은' 순간에도 아이가 감정의 온도를 알아차릴 수 있었던 이유는 기분이 더 좋을 때 감정 온도계를 활용하는 연습을 해왔기 때문입니다. 로지는 오로라가 감정에 압도되어 있으면 감정 온도계를 그냥 치워두었고, 오로라가 감정적으로 덜 차 있을 때 다시 꺼내 연습했습니다.) 결국 오로라는 온도계 눈금이 8이나 9일 때, 이를테면 정말 피곤한 상태에서 아끼는 인형들을 정리하고 잠잘 준비를 해야 할 때도 감정에 숫자를 매길 수 있게 됐습니다. 감정이 너무 차 있어서 대답하기 싫어할 때도 있었지만, 그래도 문제는 전혀 없었습니다. 아이가 조금씩 발전하고 있는 것은 분명했고 이들의 목표는 완벽이 아니라 발전이었으니까요.

　　로지와 오로라가 이 모든 일을 할 수 있었던 이유는 로지가 자신의 안녕감을 계속해서 유지하며 제가 소개한 5단계(95쪽)나 5C(71쪽) 같은 다른 기법들을 잘 연습하고 실행했기 때문입니다. 한편 오로라

　　　　　　　　　　　　　　4장 아이와 나의 안녕감

는 누군가 봐주고 들어주고 있으며 안전하다는 느낌을 받았고, 엄마를 보며 어떤 사람이 '되어야' 하고 행동으로 나타나는 감정을 어떻게 다스려야 하는지를 죄책감이나 수치심 또는 시간의 압박이나 제약 없이 배우고 있었습니다. 이것은 두 사람 모두에게 유익한 상황이었습니다.

나이가 더 많은 아이의 경우 개인에 따라서는 감정 온도 체크가 여전히 효과적일 수 있으나, 제가 '감정 이전 생각' 기법이라고 부르는 다음의 방법을 추가하거나 대신 시도해봐도 좋을 것입니다.

감정 이전 생각 기법

감정 이전에는 늘 생각이 먼저 찾아옵니다. 우리는 잠재의식에 따라 움직이는 때가 대부분이라서 감정 '이전'에 어떤 생각이 드는지는 깨닫지도 못하고 감정 '이후'에 나오는 행동이나 반응에 주의를 온통 빼앗길 때가 있습니다. 감정 온도를 점검할 때 긍정적 감정을 구분하는 것부터 시작했듯 생각을 깨닫도록 지원할 때도 같은 방식을 쓸 수 있습니다. 온도가 얼마나 뜨거운지 시원한지 정확히 집어내는 대신, 또는 여기에 더해서 감정 이전에 오는 생각을 연습하기 시작할 수도 있습니다. 예를 들어 긍정적 감정 이전에는 '이 사람과 있으면 참 좋아', '축구는 정말 재미있어', '난 미술에 소질이 있어' 같은 생각이, 부정적 감정 이전에는 '너무 피곤해/배고파', '사람 많은 곳에 있는 게 싫어', '난 이걸 잘 못해' 같은 생각이 들 것입니다. 다시 말씀드리지 만, 이 기법을 쓰는 이유는 아이가 생각과 감정이 행동에 어떤 영향 을 미치는지 이해하도록 돕고 제 감정을 두려워하지 않도록 힘을 주 기 위해서입니다.

+ 사례 연구 +

열네 살 엔초의 선생님은 엔초가 기분이 좋아지는 활동을 찾아내도록 지원했습니다. 이야기를 나눠보니 엔초는 축구처럼 몸을 움직이는 활 동과 목공, 플레이스테이션 게임을 좋아했습니다. 이런 활동을 하면 기분이 좋아졌지요. 선생님은 엔초가 이 중 적어도 한 가지 활동을 날 마다 할 수 있게 도왔고, 활동을 다 마치면 감정 온도를 함께 점검하고 행동 이전에 든 생각도 기록했습니다. 엔초는 안녕감을 유지하는 것 이 생각-감정-행동의 순환에 영향을 미친다는 점을 금방 이해하고 (더 중요하게는) '실감할' 수 있었습니다. 엔초는 이 과정에서 매우 큰 힘을 얻었고 누군가 봐주고 들어주고 있다는 느낌과 통제감을 경험했기 때 문에 더 이상 이런 감정을 바람직하지 않은 방식으로 추구할 필요가 없게 됐습니다.

날마다 안녕감을 높이는 활동을 하는 것이 습관이 됐다면 아이도 그렇게 할 수 있도록 지원하고 감정 온도 체크나 감정 이전 생각 기

169

법을 이어서 도입해볼 수 있습니다. 나와 아이가 생각을 더 의식적으로 자각하고 투쟁-도피 모드를 유발하는 대신 숙고해서 반응할 수 있게 되려면 늘 그렇듯 연습이 필요합니다.

정서적 연결

마지막으로 안녕감을 높이는 전략 중 나이와 관계없이 누구에게나 가장 중요한 것은 정서적 연결입니다. 정서적 교감 시간이 일상으로 자리 잡는 데 도움이 될 자료를 315쪽에 실었으니 참고하시기를 바랍니다.

+ 사례 연구 +

엄마 이본과 딸 캔디스와 정서적 연결의 가치에 관해 상담한 적이 있습니다. 이본은 주말 내내 딸과 함께 시간을 보내기 때문에 정서적 교감 시간이 충분하다고 확신했습니다. 함께 보내는 시간이 많다는 것은 분명 장점이었지만, 저는 이본이 상황을 조금 다르게 인식할 수 있게 지원했습니다. 그 시간에 온전히 집중하고 있는지 물은 것입니다. 이본은 처음에는 그렇다고 대답했지만, 막상 따져보니 요리나 청소, 통화를 하거나 딸에게 무엇을 하라거나 하지 말라고 말하느라 제대로 집중하지 못하는 때가 있었습니다. 이것 자체는 그럴 수 있는 일이었습니다. 하지만 정서적 교감 시간이 효과적인 행동 지원 전략이 되려면 함께 보내는 시간에 오롯이 집중할 필요가 있었습니다. 정 어렵다면 하루에 10분이라도 괜찮았습니다. 시간의 '양'이 꼭 중요한 것이 아니라 가능하다면 일대일로 온전히 '그 순간에 집중해' 보낸 시간의 '질'이 핵심이니까요.

이본과 캔디스는 이 점을 고려해 방해받지 않는 이 시간을 '나와 너만의 시간'이라고 이름 짓기로 했습니다. 캔디스가 이름을 생각해냈고(저는 늘 아이가 이름을 정하도록 권하고 있습니다) 이 시간에 이본과 캔디스는 단둘이 수다를 떨며 배를 잡고 웃었습니다. 이렇게 대화를 나누는 것 말고도 함께 이런저런 놀이를 하거나, 책을 읽거나, 음악에 맞춰 춤을 추거나, 비디오 게임을 하거나, 쇼핑을 가거나, 빵이나 과자를 구워볼 수도 있을 것입니다. 재밌고 부담 없는 활동이라면 무엇이든 좋습니다.

이것은 정말 단순하면서도 매우 강력한 전략입니다. 궁극적으로 우리가 모두 추구하는 정서적 연결감을 주는 예방적 전략이므로, 아이와 교감하는 시간을 정기적으로 보낸다면 아이가 연결감을 느끼려고 더 심한 행동을 할 필요도 없을 것입니다. 하루에 10분으로 시작하면 가장 좋지만, 너무 길게 느껴진다면 처음에는 상황에 따라 하루에 최소한 2분씩 세 번으로 나눠볼 수도 있습니다. 아침에 일어나자마자, 아이가 집에 돌아왔을 때, 잠들기 전에 2분씩 시간을 내보다

4장 아이와 나의 안녕감

가 점차 편해지고 감당할 수 있겠다는 생각이 들면 2분씩 더 늘려가면 됩니다. 십 대 아이를 키우고 있다면 자기 전에 안아주고 뽀뽀하며 무슨 일이 있어도 너를 사랑한다고 말해주는 것도 굉장히 긍정적인 영향을 미칠 수 있습니다. 우리는 '모두' 정서적 연결이 필요하니까요.

　주의할 것은 정서적 교감 시간을 협상 카드나 처벌 수단으로 쓰지 않는 것이 매우 중요하다는 점입니다. 예를 들어 "네가 계속 이렇게 나오면 오늘 너와 나만의 시간(이름은 저마다 다를 수 있습니다)은 없는 걸로 할 거야", "네가 선택을 잘못했으니 이제 너와 나만의 시간은 없어"라고 말해서는 절대 안 됩니다. 정서적 교감 시간은 아이의 전반적인 안녕감에 꼭 필요한 부분이자 매우 효과적인 행동 지원 전략이므로(예방책이기도 하나 더 어려운 상황에서는 해결책이 되기도 합니다) 이 시간은 무조건 보장해주어야 합니다. 처음에 아이가 정서적 교감 시간을 거부하더라도 너무 당황하지 마세요! 아이의 반응에 상처받지 않도록 안녕감을 유지하고, 아이가 마음을 바꾸면 다가올 수 있게 여지를 열어두세요. 아이를 위해 시간을 빼놓았으며 그 시간을 다른 일로 채우거나 없애지 않겠다고 아이에게 매일 차분하게 말해주면 됩니다. 아이가 새로울 수 있는 이 개념이나 방식에 확신을 갖거나 익숙해지려면 처음에는 시간이 오래 걸릴 수 있습니다. 그래도 괜찮습니다. 정서적 연결은 정서적 안녕감을 높이며, 정서적 안녕감은 자기

애로 이어집니다. 연구 결과에 따르면 자기애를 실천하지 않는 사람들은 우울과 불안에 더 취약하며 상황에 부정적으로 반응하는 속도가 더 빠르다고 합니다. 가볍게 하는 말은 아닙니다만, 저는 제 안녕감을 우선순위에 놓고 나서 직업적으로나 개인적으로나 완전히 다른 삶을 살게 됐습니다. 저는 어렸을 때부터 사람들의 비위를 맞추는 것과 같은 전형적인 트라우마 반응을 많이 보였고, 그러다 보니 자기비판적이고 자신감이 부족했으며 수치심을 크게 느낄 때도 있었습니다. 이것은 모두 아이들이 매우 흔하게 느끼는 감정입니다. 저는 이제 이런 감정에 오래 빠져 있는 일이 거의 없다고 솔직히 말할 수 있습니다. 날마다 안녕감을 높이는 연습을 하고, 5단계(95쪽)를 실천하며, 다른 사람들을 지원하는 데 필요한 마음가짐을 일관되게 유지하기 때문입니다. 이런 감정이 고개를 든다고 해도 자신을 탓하거나 부끄러워하지 않으므로 상황을 빠르게 호전시키고 지원을 계속 제공하는 데 도움이 될 것입니다. 이것이 얼마나 큰 힘이 될 수 있는지 이해되신다면 내가 돌보는 아이는 어떨지 상상해보세요. 아이가 180도 달라질 모습을 생각하면 소름이 돋을 정도랍니다.

• 아이를 효과적으로 지원하기 위해 나의 안녕감을 보호하고 유지하세요.

• 나부터 자기 돌봄을 실천하면 아이는 자신의 안녕감을 우선순위에 놓는 법을 배울 수 있습니다. 이것은 아이에게 줄 수 있는 값진 교훈이자 아이가 평생 간직할 교훈이 될 것입니다.

• 내가 감정적으로 소진되어 있으면 아이를 효과적으로 지원할 수 없습니다.

• 이 장에서 소개한 기법들을 활용해서 아이가 제 감정에 귀 기울일 수 있게 도와주세요.

• 우리는 누구나 정서적 연결이 필요합니다. 정서적 연결은 정서적 안녕감을 북돋우며, 결과적으로 자신을 사랑할 수 있는 능력에 영향을 미칩니다.

아이가 말을 듣지 않을 때 대응하기

아이가 말을 안 들으면 미쳐버릴 것 같을 때가 있습니다(이미 지칠 대로 지친 상태라면 더더욱 그렇습니다). 아이가 어른 말에 순응하지 않는 것은 통제 욕구나 필요를 표현하는 방식인 경우가 많습니다. 그래서 이 책에서 소개하는 모든 예방적 전략은 아이와 어른에게 주체감sense of agency을 주어 불순응 행동non-compliance이 다시 나타날 위험을 크게 줄이는 것을 목적으로 합니다.

다음 제언들은 책 전반에 걸쳐 더 자세히 다뤄지니, 참조된 페이지에서 더 많은 내용을 확인해보세요.

- **일과와 언어**: 일과를 '함께' 짜는 일은 아이에게 정서적 확신과 지원을 줍니다. 아이가 보통 잘 하지 않으려고 하는 일을 일과에 포함하되, 선택의 언어 (281쪽)를 사용해서 안전한 통제권(134쪽)을 주며 일과를 정하는 과정에 아이를 참여시키세요.

- **보상과 결과**: 아이가 기분이 좋을 때 아이와 함께 '이러이러할 때는 어떻게 할지' 연습하며 말을 듣지 않으면 어떤 결과가 따를 수 있는지 이야기 나누세요. 그런 상황을 어떻게 풀어갈지 의논하고 선택의 언어(281쪽)를 사용해서 아이를 의사 결정에 참여하게 하세요.

- **한계와 기대**: 아이가 단지 어른의 강요나 두려움 때문에 한계와 기대(277쪽)에 따른다면, 한계와 기대가 줘야 하는 정서적 안전감과 안정감을 얻기 어렵습니다. 그러면 아이는 불순응 행동의 형태로 저항할 것입니다. 사전에 동의한 일과를 그림으로 나타낸 시간표를 보여주며 한계와 기대의 목적을 설명해서 아이가 한계를 이해하고 기대를 충족할 수 있게 지원하세요. 언어적 지원(첫 항목), 정서적 지원(다음 항목)을 모두 제공하세요.

- **정서적 지원**: '봐주고 들어주고 있으며 안전하다는 느낌'을 주는 기법(134쪽)을 활용해 아이의 감정을 인정해주는 것은 절대 실패할 일이 없는 지원 방법입니다.

- **정서적 연결**: 핵심 요소인 정서적 연결(170쪽)은 위의 모든 항목과 함께 나와

Part1 아이를 지원하기 위한 마음가짐 갖기

아이를 지원해줄 것입니다.

♦ ♦ ♦

키우고 싶은 면에 물을 주면 아이는 자신과 행동을 분리해
생각하며 자신이 어떤 '사람'인지가 문제가 되거나 화나게
하는 것이 아니라 바람직하지 않은 것은 행동이라는 점을
이해할 수 있습니다. 이렇게 자신과 행동을 분리할 수 있게
도와주면 아이는 자신이 환영받고 인정받는 존재라는 사
실을 깨닫고 부드러운 지도와 지원을 받으며 행동을 수정
할 힘을 얻을 것입니다.

Part2 ——————————————————

지속가능한
지도법

5장

행동의 층위:
아이를 행동과 분리하기

당연하게 들릴지도 모르지만, 아이는 자신이 사랑하고 좋아할 만하며 같이 있고 싶은 사람이라는 확신을 느껴야 합니다. 누군가 자신을 조건 없이 좋아하고 존중해준다는 느낌을 받으면 안전감이 뿌리내리고, 어쩔 수 없는 실수를 해도 이해받으리라는 것을 알기에 안정감이 생깁니다.

앞 장들에서 살펴봤듯 생각은 힘이 무척 셉니다. 생각은 인식을 형성하고, 인식은 결국 현실을 만드니까요. 자기가 못됐다고 생각하는 아이는 못되게 구는 것이 제 정체성이 되어버려서 자기가 생각하는 모습대로 살게 되는 것이 현실입니다. 생각이 자기충족적 예언이 될 수 있다는 것입니다. 자신이 좋아하거나 사랑하기 어려운 사람이라고 생각하는 아이는 지금까지 살펴본 여러 부정적 감정을 계속 느끼게 될 것이며, 이런 감정을 바람직하지 않은 행동으로 소통할 것입니다. 반면 바람직하지 않은 행동을 했다는 것은 알지만 자신이 여전히 좋아하고 사랑할 만한 사람이라고 확신하는 아이는 현실과 자기 인식을 그야말로 완전히 바꿔놓을 수 있습니다. 누군가 자신을 조건 없이 좋아하고 사랑한다는 것을 알면 생각과 감정, 행동을 점차 긍정적으로 바꿀 수 있습니다. 아이에게 행동 너머의 진짜 모습을 보고 있다는 사실을 알려주면 어른과 아이에게 모두 득이 됩니다. 두 사람 모두 안녕감을 유지하는 데 도움이 되어 결과적으로 장기적 발전을 위한 마음가짐을 갖출 수 있기 때문입니다.

감정을 정면으로 마주하기

죄책감과 수치심은 인간이 느낄 수 있는 가장 좋지 않은 감정입니다. 또한 가장 비생산적인 감정이기도 합니다. 사람들은 대개 아이가 죄책감이나 수치심을 좀 느끼면 바람직하지 않은 행동을 반복하지 않을 것이라고 생각합니다. 하지만 전혀 그렇지 않습니다. 죄책감과 수치심은 무모한 행동이나 거짓말, 부정적인 자기 대화self-talk 등 죄책감과 수치심을 부르는 행동을 유발하고 아이를 부정적인 생각-감정-행동의 순환에 가두게 됩니다.

+ 사례 연구 +

매들린과 로만에게는 아홉 살 클리오와 일곱 살 라일리라는 두 아들이 있었습니다. 부부는 둘째 라일리가 형에게 폭력적인 행동을 보일 때가 있다며 걱정했습니다. 또한 라일리는 부모님의 시간과 관심을 지나치게 요구했습니다. 부모님이 서로 대화하거나 형과 대화할 때 고의로 소리를 지르거나 심지어 통화하고 있을 때도 꼭 끼어들어 방해했습니다. 집안 분위기를 자기 위주로 끌고 가며 관심을 독차지하려 했고, 형이 한창 게임을 하고 있을 때 플레이스테이션을 꺼버리고 웃는다든가 하는 행동으로 형의 기분을 상하게 하는 것을 즐기는 듯 보였습니다. 매들린과 로만은 끝없이 이어지는 라일리의 요구에 진이 빠진 상태였습니다.

두 사람은 라일리의 행동이 클리오뿐만 아니라 가족 전체에 미치고 있는 영향을 이해하게 하려고 이렇게 야단치곤 했습니다. "너 때문에 형이 속상해하는 것 좀 봐. 형은 널 좋아하는데 네가 이렇게 못되게 굴면 같이 놀기 싫대. 엄마, 아빠는 정말 슬프고 실망했어, 라일리. 왜 자꾸 이러는 거야?" (어디서 많이 들어본 말 같아서 뜨끔하다면 탓하지도 부끄러워하지도 마세요. 다른 사람들도 숱하게 겪은 일이고, 우리는 다들 매 순간 자기 위

183   5장 행동의 층위

치에서 최선을 다하려고 하는 것뿐이니까요.)

한편 라일리는 부모님의 반응에 이런 생각이 들었습니다. '난 정말 나쁜 아이야. 형을 슬프게 하고 엄마랑 아빠를 실망하게 하잖아. 난 별로 좋은 사람이 아니야.' 이런 인식은 자신이 가치 없는 존재라는 느낌으로 이어졌고 죄책감과 수치심, 당혹감을 불러일으켰습니다. 앞 장에서 든 물컵 비유로 돌아가 생각하자면, 라일리의 감정은 97~98퍼센트가량이 차 있었고 죄책감과 수치심을 느낄수록 더욱 가득 차올랐던 것입니다. 행동하고 대응할 여유가 2~3퍼센트밖에 없으니 부모님이 라일리의 행동을 수정하기 위해 전달하려 했던 메시지를 받아들일 여유가 많지 않았습니다. 라일리가 느끼는 감정의 수위를 낮출 수 있는 유일한 방법은 기분이 좋아지도록 지원하는 일이었습니다. 기분 좋은 생각은 감정 저울의 균형을 맞추고 감정적 포화 상태를 해소하는 데 도움이 됩니다. 하지만 라일리는 자신이 실망을 안겨주는 나쁜 사람이라는 생각 때문에 부정적인 생각-감정-행동의 순환에 갇혀서 바람직하지 않은 행동을 계속 반복하고 있었습니다.

라일리가 감정적 포화 상태였다는 것은 알겠는데, 이런 상황에서 라일리의 부모님은 대체로 어느 정도 감정이 차 있었다고 말할 수 있을까요? 아마 90~95퍼센트가 아니었을까요? 그래서 생각하고 판단하며 반응하고 대응할 여유가 5퍼센트밖에 없었을 것입니다. 제가 이 점을 염두에 두고 가장 먼저 한 일은 라일리가 아닌 부모님께 자기돌봄을 우선순위에 놓아야 한다고 말씀드린 것이었습니다.

인식의 힘을 기억하라

매들린과 로만은 안녕감을 꾸준히 돌보며 감정 수위를 크게 낮췄고, 행동하고 반응하고 대응할 여유를 더 얻었습니다. 헬리콥터 관점을 취하는 것이 더 쉬워지자 라일리를 행동과 분리해 생각하는 '동시에' 행동을 소통의 수단으로 인식할 수 있었습니다. 라일리와 비슷한 상황에서는 이렇게 생각하는 것만으로도 인식이 긍정적으로 바뀌어 도움이 되고, 아이에게 "네가 형을 괴롭히는 게 싫어. 그런 행동은 싫지만 엄마, 아빠는 널 정말 좋아해. 넌 친절하고 사려 깊은 행동을 많이 하잖니"라고 말해줘도 도움이 됩니다. 그러면 아이는 자기 행동에 관해 하는 말을 감정적으로 너무 차오르지 않은 상태에서 받아들일 수 있게 됩니다. 자신이 잘못된 선택을 하기는 했지만 좋은 사람이라는 믿음이 여전히 있다면 죄책감과 수치심에 그렇게까지 사로잡히지 않기 때문입니다. 이런 믿음이 있으면 실수를 여러 번 반복하더라도 잘못된 것은 나라는 '사람'이 아니라 내가 한 선택이니 앞으로 더 잘할 수 있다고 생각합니다. 여기서 느껴지는 약간의 통제감은 안전감으로 이어집니다.

　여기서 주목해야 할 점은 나이가 아주 어린 아이일지라도 수년간 자신을 '못된 애'라거나 하는 말을 오랫동안 믿어온 아이라면 자신과 행동을 분리하는 말을 처음 들었을 때 믿지 못할 가능성이 큽니다. 아이가 내가 바라는 반응을 보이지 않거나 못 믿겠다고 말하면 여기에 대응하거나 눈앞에 마주한 불신의 벽을 허물려고 아이를 설득하려 하지 않는 것이 가장 중요합니다. 아이가 지금 그렇게 느낀다면 그 감정을 인정해주되, 왜 못 믿는지를 두고 왈가왈부하지 않도록 주의하세요("맞아요, 전 못된 애예요", "아니야, 그렇지 않아" 같은 대화를 반복하느라 시간을 허비하지 마세요). 습관을 고치려고 하면 불편할 수 있지만, 변화는 이런 감정을 느껴도 괜찮다는 것을 깨닫고 제 감정을 정면으로 마주할 때 일어납니다.

'나의' 마음가짐이 '아이의' 악순환을 끊을 수 있다

고쳤거나 고치려는 습관을 떠올려보세요. 이를테면 담배를 피우거나, 군것질하거나, 손톱을 물어뜯거나, 휴대폰을 계속 들여다보는 습관이 있을 것입니다. 이번에는 이런 행동을 그만두고 싶은 정말 좋은 이유가 있어도 실제로 그렇게 하는 것이 얼마나 어려운지 생각해보세요. 이것이 쉽지 않은 이유는 바꾸고 싶은 행동이 생각-감정-행동의 순환의 일부가 되어버렸고 당장은 어느 정도 위안을 주기도 하기 때문입니다. 그만두고는 싶은데 그 행동이 내 욕구를 충족해주고 있는 것이지요. 업무 회의에 참석하거나 아이를 학교 앞에 내려주고 돌아설 생각을 하면 이런저런 이유에서 불안한 감정이 들고, 불안감을 해소하는 방법으로 손톱을 물어뜯는 **행동**이나 버릇이 나타나는 것일 수 있습니다. 당신이 습관처럼 하고 있지만 고치거나 그만두고 싶은 의식적, 잠재의식적 행동은 무엇인가요? 저는 대중교통을 이용할 때면 '아무것도 하지 않는 것'이나 그 순간에 집중하는 것을 어려워하는 사람이 (저를 포함해) 참 많다는 데 새삼 신기합니다. 가만히 있으면 불안한 마음에 휴대폰에 시선을 고정하고 무언가 할 거리를 찾으며 위안을 얻기도 합니다(탓할 일도 부끄러워할 일도 아닙니다). 아이들이 스트레스를 받아 가면서까지 바람직하지 않은 행동을 습관적으로 반복하는 이유 역시 다르지 않습니다. 익숙함에서 위안을 얻는 것입니다.

아이들은 불편한 감정을 느끼면 소리를 지르거나 울거나 씩씩거리며 뛰쳐나가는 등 여러 방식으로 제 감정을 표출하는데, 이런 행동은 습관이 될 수 있습니다. '이러이러한 **감정**을 느끼면 저러저러하게 **행동**하는' 버릇이 생기는 것입니다. 이 악순환을 끊기 어렵게 하는 요인이 바로 아이 주변 사람들의 반응입니다. '우리'가 아이의 행동을 보고 느끼는 기분은 행동뿐만 아니라 아이 자체를 향한 '우리'의 생각과 감정, 행동에 직접적인 영향을 미칠 수 있습니다. '애가 참 밉살스럽고 버릇없어'라는 생각이 든다면 아이를 행동과 분리할 수 있는 미묘하지만 강력한 생각의 전환이 필요합니다. 그러면 인식이 바뀌면서 행동을 소통 수단으로 바라볼 여유가 생길 것입니다. '행동이

　　　　　　　　　　　　5장 행동의 층위

참 밉살스럽고 버릇없어'라고 바꾸어 인식할 수 있다면 감정이 그렇게 많이 차오르지 않습니다. 이를테면 80퍼센트까지 차올라서 20퍼센트만으로 생각하고 판단하며 반응하고 대응해야 할 일은 없다는 것이지요. 여기서부터는 '행동이 참 밉살스럽고 버릇없어'라는 생각에 이어 '아이가 행동으로 무엇을 소통하려고 하는 걸까? 내게 무슨 말을 하려는 걸까?'라는 생각을 떠올리기 더 쉬워집니다. 반면 처음처럼 '애가 참 밉살스럽고 버릇없어'라고 생각해버리면 '무엇을 소통하려고 하는 걸까?'라는 생각이 뒤따르기 훨씬 어렵습니다. 이 첫 번째 생각은 대개 '애가 날 짜증 나게 하려고 일부러 이러는 거야', '자기가 무슨 짓을 하는지 뻔히 알면서 저러는 거야'처럼 부정적 감정을 채우는 생각에서 비롯되거나 그런 생각으로 이어지기 때문입니다.

그래서 행동 지원의 출발점은 오래가지 못할 전략들을 실천해보겠다고 무작정 뛰어드는 것이 아닌 마음가짐이어야 한다고 말씀드렸던 것입니다.

아이를 행동과 분리해 생각하는 것은 내가 정말로 그렇게 믿을 때 가장 효과가 좋습니다. 그러니 아이에게 말로 표현하기 전에 다음에 나오는 연습을 먼저 해보시기를 권합니다. 의사소통의 93퍼센트는 비언어적이니, 지금 정말 진심이 아니라면(물론 그렇다고 해도 문제는 전혀 없습니다) 아이가 알아챌 것이라는 점을 기억하세요. 이 책은 한 영역을 집중해서 숙지한 뒤 다음 영역으로 넘어가는 방식을 따르고 있습니다. 사람에 따라 출발점이 다르니 영역들이 서로 겹칠 수는 있습니다. 시간을 들여 소화하고 실천하다 보면 연습하던 내용이 할 일 목록에 있는 또 하나의 항목이 아닌 나의 존재 방식으로 바뀌어 있을 것입니다.

+ 연습하기 +

아이가 고치도록 지원하고 싶은 한 가지 행동에 집중하세요. 그 행동을 보면 솔직히 어떤 기분이 드는지, 부정적 감정이 얼마나 차오르는 것 같은지 기록해보세요. 그런 다음 30일 뒤에 이 작업을 반복해보세요. 어쩌면 아이의 행동을 봤을 때 드는 기분은 달라지지 않았어도 부정적 감정은 덜 차오른다는 사실을 발견하고 아이와 행동을 분리해 생각하게 될지도 모릅니다. 아니면 기분도 달라졌고 부정적 감정도 덜하다고 느낄지도 모릅니다. 어느 쪽이든 간에 안녕감을 돌보는 연습을 30일 동안 의식적으로 꾸준히 하고 나면 인식이 달라지기 시작할 것입니다.

퇴보가 아닌 발전이 있을 뿐

이런 연습이 힘들게 느껴지는 때가 온다면 다음 안녕감 도표의 첫 항목을 보세요. 마음가짐을 새롭게 하고 균형을 다시 잡는 데 매번 도움이 됩니다. 앞으로 몇 달, 몇 년이고 처음으로 돌아가는 일이 수도 없이 많으리라는 사실을 당연하게 받아들이시기를 바랍니다. 우리는 인간으로서 할 수 있는 최선을 다할 뿐입니다. 때로는 잊어버리기도 하고, 일관성을 잃기도 하고, 상황이 더 빠르게 좋아지기를 바라기도 하고, 포기하고 싶은 마음도 드는 것이 지극히 당연합니다! 완벽이란 존재하지 않으며 자기 인식이 '곧' 발전이라는 사실을 기억하세요. 이런 마음가짐을 기본으로 하는 도구들을 익힐수록 마음가짐이 더욱 단단히 자리 잡으면서 이런 유형의 행동 지원이 아주 자연스럽게 (또 매우 효과적으로) 이루어지게 될 것입니다.

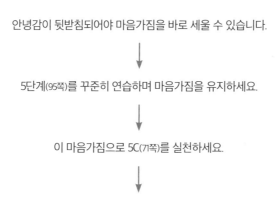

안녕감이 뒷받침되어야 마음가짐을 바로 세울 수 있습니다.

↓

5단계(95쪽)를 꾸준히 연습하며 마음가짐을 유지하세요.

↓

이 마음가짐으로 5C(71쪽)를 실천하세요.

↓

5C를 실천하며 아이와 내가 조금씩 발전하는 모습을 알아보고 기뻐해주세요.

- 죄책감과 수치심은 대개 죄책감과 수치심에 기반을 둔 행동을 '더 많이' 낳습니다.

- 아이를 행동과 분리하면 아이는 행동에 관해 하는 말을 감정적으로 너무 차오르지 않은 상태에서 받아들일 수 있게 됩니다.

- 습관을 고치려고 하면 불편할 수 있지만, 정면으로 부딪쳐야 변화가 일어납니다.

- 아이를 행동과 분리하는 미묘하지만 강력한 생각의 전환은 인식을 바꾸며 행동을 소통 수단으로 바라볼 여유를 줍니다.

- 생각은 힘이 매우 셉니다. 생각은 인식을 형성하며 궁극적으로 현실을 만듭니다.

아이에게
동기 부여하기

내가 중요하다고 생각하거나 우선순위로 여기는 것이 아이에게는 다소 다르게 인식되는 경우가 많습니다. 아이에게 동기를 부여하는 좋은 방법은 아이의 관점에서 이해해보려고 하는 것입니다. 어렸을 때를 돌이켜 생각해보세요. 설거지할 생각에 신이 났던 적이 있나요? 없다고요? 저도 그렇습니다! 아이가 (나처럼) 깨끗하게 정돈된 집을 좋아하게 만들려고 애쓰는 대신 집안일을 시키는 이유를 이해하게 도와주고, 아이가 설거지를 좋아하게 될 일이 영영 없을지도 모른다는 사실을 받아들이세요!

다음에 나오는 제언들은 책 전반에 걸쳐 더 자세히 다뤄지니 참조된 페이지에서 더 많은 내용을 확인해보세요.

• **큰 그림**: 어린아이의 경우 시간표와 같은 시각 자료를 보여주면 자신이 의욕을 느끼지 못하는 일이 삶의 일부일 뿐 삶 전체가 아니라는 점을 이해하고 큰 그림을 보는 데 도움이 됩니다. 아이들은 어떤 일을 생각하면 떠오르는 감정에 압도될 때가 많습니다. 예를 들어 집에서 강아지와 함께 TV 앞에서 뒹굴고 싶은데 학교에 가야 한다고 생각하면 너무 괴로울 수 있습니다! 그래서 일과가 어떤 순서로 진행되는지 알려줄 필요가 있습니다. 학교가 끝나고 집에 와서 옷을 갈아입고 숙제나 집안일을 하고 나면 강아지를 껴안고 놀 수 있다는 것을 눈으로 확인하게 해주세요. 일과를 그림으로 나타낸 시간표는 아이가 별로 좋아하지 않는 일(하지만 살면서 꼭 해야 하는 일)뿐만 아니라 좋아하는 일을 언제 할 수 있는지 알 수 있게 해줍니다.

나이가 더 있는 아이의 경우 아이가 꿈꾸는 목표가 지금 해야 하는 일과 어떤 연관이 있는지, 목표를 이루는 데 필요한 역량이나 실천 방안(단계별로 할 수 있는 일)에는 무엇이 있는지 이해하게 도와주면 좋습니다. 예를 들어 아이가 프로 축구선수를 꿈꾼다면 선수에게는 한 팀으로 일할 수 있는 능력이 매우 중요하며 이런 능력은 가족이나 같은 반 아이들과 협동하는 과정에서 기를 수 있다고 설명해주는 것입니다. 축구선수에게 요구되는 절제력 역시

부드러운 지도법

집에서 맡은 일을 책임감 있게 해내는 것에서 시작된다고 말해줄 수 있습니다. 실망에 대처하고 좌절을 극복하는 능력 등도 마찬가지입니다.

• **일과와 언어**: 일과를 함께 짜는 일은 아이에게 정서적 지원과 확신을 줍니다. 아이가 대개 의욕을 느끼지 못하는 (하지만 해야 하는) 일을 일과에 포함하고 아이에게 기대되는 행동을 함께 정하세요. 선택의 언어(281쪽)를 사용하면 아이에게 안전한 통제권(135쪽)을 줄 수 있습니다.

• **한계와 기대**(277쪽): 아이가 기대되는 일을 해내는 것에 성취감이나 자부심, 자립심을 느끼기 시작하면 보통 의욕이 더 생기기 시작합니다. 아이가 한계를 이해하고 기대를 충족할 수 있게 지원하세요. 사전에 동의한 일과를 그림으로 나타낸 시간표가 의욕을 북돋는 데 도움이 되기도 합니다.

• **정서적 지원**: '봐주고 들어주고 있으며 안전하다는 느낌'을 주는 기법으로 아이의 감정을 인정해주고 정서적 연결을 강화하세요(170쪽). 아이가 느끼는 감정에는 문제가 없다는 사실을 기억하세요.

6장

행동을 해석하고
감정을 인정하라

자폐 진단을 받은 제 대자 라비는 어렸을 때 또래에 비해 언어 발달이 더뎠습니다. 라비의 말을 이해하지 못할 때가 많았던 반 아이들과 동네 친구들은 라비가 무슨 말을 하려고 하는지 누나에게 물어보곤 했습니다. 라비의 누나는 동생이 친구들과 소통하는 다양한 방법을 배울 때까지 동생의 말을 통역해주었습니다. 라비는 또래 아이들처럼 말로 소통할 수 없다는 좌절감에 물건을 던지거나 몸에 힘을 잔뜩 주며 소리를 지를 때가 많았는데, 그럴 때면 누나는 동생을 차분히 달래주었습니다. 누나가 본능적으로 동생의 감정을 인정해주는 모습은 무척 흥미로웠습니다. 동생이 화풀이하면 기분이 상하기는 했지만, 악의가 있어서 그런 것은 아니라는 사실을 어린 나이에도 이해했습니다. 어느 날 아이들이 놀고 있는 모습을 지켜보던 저는 라비가 제이슨이라는 아이를 밀쳤을 때 누나가 이렇게 말하는 것을 우연히 들었습니다. "괜찮아. 네가 화난 건 알겠는데 제이슨은 네가 자기 공을 갖고 싶어 하는지 몰랐어. 이 공은 지금 우리가 쓰고 있으니까 줄 수 없지만, 라비, 너는 다른 공을 갖고 놀면 돼. 우리 시합이 끝나면 같이 놀아줄게." 누나는 동생이 친구를 밀친 것이 공을 가지고 놀고 싶은 욕구를 소통하는 방식이었다는 것을 이해하며 동생의 행동을 해석하고 있었습니다. 또한 (누나는 깨닫지 못했지만) 본질적으로 '봐주고 들어주고 있으며 안전하다는 느낌'을 주는 기법을 적용해서 동생이 화가 났다는 것을 알아주며 감정을 인정해주었습니다.

아이를 지원하는 사람이 해야 할 역할 중 하나는 아이가 행동으로 무엇을 소통하려고 하는지 해독하는 것입니다. 이번 장에서는 아이의 감정을 인정해주는 것이 왜 효과적 지원에서 가장 중요한 원칙인지, 이것이 앞 장들에서 다룬 주제들과 어떻게 연결되는지 살펴볼 것입니다. 감정을 인정해주는 말은 아이의 생각-감정-행동의 순환에 긍정적 영향을 미칠 수 있습니다. 이 말이 진정성과 영향력을 갖기 위해서는 안녕감이라는 토대가 이미 마련되어 있어야 합니다. 그래야 아이가 별생각 없이 늘어놓는 말이 아니라 의미 있는 말이라고 '느낄' 수 있을 것입니다. '효과'가 없거나 얼마 못 가는 행동 지원과 오랫동안 지속가능한 행동 지원을 가르는 미묘하면서도 강력한 차이가 바로 이 진정성입니다. 정서적으로 균형 잡힌 관점에서 아이를 지원할 수 있다면 내가 아이의 행동을 받아들이고 해석하는 방식과 감정을 지원하고 인정하는 방식, 그리고 시간이 지나면서 이것이 아이의 행동에 긍정적인 영향을 미치는 방식은 더 큰 영향력을 발휘하게 됩니다.

사람은 감정을 떠나 생각하기 어려우므로 대부분 행동 지원은 격앙된 순간이 아니라 아이가 (그리고 어른도) 기분이 나아졌을 때 이루어져야 한다는 점을 기억하세요. 처음에는 이 점을 이해하는 데 시간이 걸릴지도 모릅니다. 아이가 바람직하지 않은 행동을 하자마자 그만두게 할 방법을 찾으려고 해봤거나 시도해봤다면 더더욱 그럴 것입니다. 하지만 행동을 즉시 '고치려고' 하는 것은 걷잡을 수 없이 번지는 불길을 잡아보겠다며 계속 불을 끄는 것과 같아서, 결국은 지쳐버리고 말 것입니다.

아이의 감정을 인정해주기

사람은 감정을 떠나 생각할 수 없습니다. 기분이 별로 좋지 않은데 친구나 동료, 가족이 좋은 뜻으로 조언을 건네던 때를 떠올려보세요.

나는 청한 적도 없는데 말입니다! 차라리 아무 말도 하지 않았으면 좋겠다는 생각이 들었을 것입니다. 논리적으로는 상대방의 말에 일리가 있다는 것을 알아도 당시 기분 때문에 논리적인 말이 듣고 싶거나 필요하지 않았던 것이지요. 저 역시 좋은 뜻에서 조언을 건넨 적도 있고, 그런 조언을 받아본 적도 있습니다. 조언을 건네는 사람도 그 순간의 기분을 바탕으로 말을 꺼내지만, 조언을 받는 사람이 그 말을 어떻게 받아들이는지도 기분에 달려 있습니다.

예를 들어 십 대인 저희 아이 둘이 큰 말썽 없이 잘 지내고 있다는 생각에 뿌듯하고 행복하고 자신감이 넘칠 때 사촌 디가 십 대 아들을 키우며 느끼는 고충을 털어놓는다면 저는 "걱정하지 마, 크면서 괜찮아질 거야. 지금 생각하는 것처럼 심각한 문제가 아니야"라든가 "큰 그림을 보려고 해봐"라는 말을 건넬 것입니다. 기분이 좋은 상태이니 생각도 긍정적으로 할 수 있는 것입니다. 하지만 이런 말을 듣는 디는 불안과 짜증과 좌절감으로 가득 차 있을 테니 "언니는 잘 모르니까 그렇게 쉽게 말하는 거야"라거나 "지금은 그 말이 도움이 안 돼"라는 반응을 보일 수 있습니다. 조언을 받는 사람으로서는 반감이 들고 감정이 가득 차 있으면 긍정적인 생각을 하기 어렵기 때문입니다. 지금쯤이면 감정적 여유가 관점에 얼마나 큰 영향을 미치는지 아시겠지요.

안녕감을 일관되게 유지해야만 (상황에 따라 감정의 수위가 40~60퍼센트 사이를 자연히 오르내리더라도) 감정이 90퍼센트 차 있을 때보다 더 명료하게 생각할 수 있는 여유를 얻을 수 있습니다. 아이들도 똑같 습니다. 감정이 가득 차 있는 순간에는 감정을 떠나 생각하기가 매 우 어렵습니다. 아이의 감정을 인정해줘야만 연결감을 형성할 수 있 고, 그래야 부정적인 생각-감정-행동의 순환을 끊도록 도와줄 수 있 습니다. 그러면 아이가 보이는 통명스럽거나 방어적인 반응이 감정 적 포화 상태 때문이라는 사실을 알 수 있을 것입니다. 그런 행동을 수용하거나 용인한다는 뜻이 아니라 있는 그대로 이해한다는 뜻입 니다(아이의 행동을 바라보는 관점을 이렇게 바꾸면 안녕감에 지장을 받지 않 습니다).

아이의 통역사 되기

이번에 소개할 사례는 아이의 행동 이면의 이유를 (할 수만 있다면) 이 해하기 위해 아이의 감정에 귀 기울이는 것이 얼마나 중요한지 보여 줍니다. 아이가 무엇을 소통하려고 하는지 알아내 적절하고 효과적 인 최선의 지원 계획을 세우는 데 도움이 될 것입니다.

배경 삼아 말씀드리자면, 트라우마는 (사건 자체가 아닌) 사건에 대 한 정서적 반응이며, 충격적인 사건을 처리하는 방식은 저마다 다릅

6장 행동을 해석하고 감정을 인정하라

니다. 예를 들어 키우던 강아지가 죽었을 때 한동안 울고 슬퍼하며 울적해하다가 괜찮아지는 아이가 있는가 하면, 엄청난 충격을 받고 뇌에 더 강렬한 정서적 각인이 남는 아이도 있을 수 있습니다. 트라우마를 겪으면 뇌가 과잉 각성hypervigilance 상태가 되어 사실상 정서적 반응성emotional reactivity이 매우 높은 상태에 갇힐 수 있습니다. 사람들이 과거의 충격적인 경험을 떠올릴 때 머리가 어지럽거나 몸이 떨리거나 아픈 것과 같은 신체 반응이 자주 동반되는 것도 이런 이유 때문입니다. 그래서 행동을 지원할 때는 인식을 이해하는 것이 매우 중요합니다. 한 사람이 보기에는 딱히 중요하지 않은 사건이 다른 사람의 관점에서는 대단히 충격적일 수 있기 때문입니다. 우리는 아무리 유사한 환경에 있다고 해도, 심지어 같은 가정에서 자랐다고 해도 저마다 다른 고유한 존재들입니다. 그렇게 생각하면 자녀들이 비슷한 경험에 매우 다른 반응을 보인다는 부모님들의 말씀이나 반 아이들이 해마다 얼마나 다른지 놀랍다는 선생님들의 말씀을 종종 듣게 되는 것도 당연한 일이지요.

+ 사례 연구 +

저와 상담을 시작했을 때 미카엘라는 일곱 살이었습니다. 미카엘라는 학교 선생님들 사이에서 '유난스러운' 데다가 말을 걸어도 '입을 꾹 다물고' 반응을 보이지 않을 때가 많은 고집 세고 버릇없는 아이로 통했습니다. 담임 선생님 말씀으로는 교장실로 불려 가서 엄한 목소리로 꾸중을 들었을 때도 대답하지 않았다고 했습니다. 들어보니 미카엘라는 선생님들이 언성을 높일 때면 자기에게 말하는 것이 아니어도 무척 불안해했습니다. 선생님들은 몰랐지만, 사실 미카엘라는 큰 소리가 나면 엄마가 새아빠에게 고함을 지르던 순간으로 돌아간 듯한 느낌을 받았던 것입니다. 당시 말다툼의 내용은 기억나지 않았고 이후 엄마와 새아빠는 헤어졌지만, 두 사람 사이에 오가던 고성은 강한 정서적 각인을 남겼습니다. 그 뒤로 오랫동안 미카엘라는 조금이라도 큰 소리가 나면 몸이 마치 과거로 시간 여행을 간 것처럼 반응했습니다. 평소와 다르게 행동했으며, 누구에게도 무엇에도 반응하지 않고 자기 안으로 틀어박히곤 했습니다. 이런 행동을 잘못 해석한 주변 어른들은 미카엘라에게 권위를 가진 사람의 말을 무시하는 버릇없고 반항적인 아이라는 딱지를 붙였지만, 실상은 전혀 그렇지 않았습니다. 미카엘라는 큰 목소리를 듣는 것이 너무 괴로웠던 나머지 감정을 떠나 생각할 수 없는 상태가 되어 생존 모드로 들어갔던 것이었습니다.

몸은 무의식과 같아서, 몸이 과거에 갇힌 것처럼 느껴지면 미래를 그려나가거나 하루하루 앞으로 나아가기가 매우 어렵습니다. 사건이 일어나고 몇 년이 지난 뒤에도 그때 그 상황에서 느꼈던 감각은 그대로 느껴질 수 있습니다. 그럴 때 주변 어른들이 미카엘라를 도우려고 했던 말은 "미카엘라, 다음에는 어떻게 다르게 행동할 수 있을지 생각해봐", "네가 그러면 엄마 기분이 어떨지 생각해봐", "선생님들은 그냥 도와주고 싶어서 그런 건데 이해하려고 해봐" 같은 것이었습니다(탓할 일도 부끄러워할 일도 아닙니다). 미카엘라는 그런 순간에 도저히 감정을 떠나 생각할 수 없었으므로 제자리걸음만 하는 격이었지요. 미카엘라는 그저 반응할 수 없었을 뿐인데 입을 꾹 다문 모습이 답답했던 선생님들은 미카엘라를 문제 삼았습니다. 이것은 미카엘라의 생각-감정-행동의 순환에 부정적 영향을 미쳤고 모두를 악순환에 빠뜨렸습니다.

다행인 것은 몸을 다시 조건화할 수 있다는 것입니다. 즉 불편한 생각이나 감정이 올라올 때 예전과 다른 행동을 선택할 수 있습니다. 그러려면 시간과 연습, 인내가 필요하며, 동시에 안녕감을 유지하고 점진적 발전을 인정하는 것이 무엇보다 중요합니다. 안녕감을 유지하고 있으면 감정의 컵이 그렇게 가득 차오르지 않으며, 생각하고 판단하며 반응하고 대응할 여유가 더 생깁니다. 그러면 어떤 생각이 어떤 감정으로 이어지는지 의식적으로 자각하고, 바람직하지 않은 무의식적 행동에 의존하는 대신 더 바람직한 행동을 의도적으로 선택하며 행동의 통역사가 될 수 있는 최적의 상태가 됩니다.

'잘못된' 감정은 없다

제 지원 철학의 핵심은 우리가 느끼는 감정 중에 '잘못된' 감정은 없다는 것입니다. 특정 행동을 수용하기 싫더라도 행동 이면의 감정을 수용해주는 것은 중요합니다. 화를 내기보다 호기심을 가지면(130쪽 참조) 행동이라는 반응 너머를 보는 데 도움이 될 것입니다. 호기심을 보여주면 아이도 자신이 특정 감정에 어떻게 대응하는지 호기심을 갖게 될 것입니다. 예를 들어 아이가 학교 공부나 숙제를 하다가 신경질을 내고 욕을 하며 자리를 박차고 나간다면 야단치는 대신 우선 아이의 감정을 인정해주며 아이의 행동을 소통 수단으로 해석하세요. 아이가 그렇게 반응하는 것은 '못하겠어', '난 글 쓰는/읽는 걸 잘 못해', '어려울 것 같아'라는 생각이 들면서 생긴 불안이나 공포, 수치심이나 당혹감 때문일 수 있습니다. 이런 감정이 바람직하지 않은 행동으로 이어지는 것입니다. 아이가 제 감정을 느끼도록 허용하고, 아이의 감정을 인정하는 말을 건네며 그렇게 '느껴도' 전혀 문제가 없다는 것을 알 수 있게 지원하고, 봐주고 들어주고 있으며 안전하다는 느낌을 받게 해주며 한계와 기대를 유지하세요. 이를테면 이렇게 말해주는 것입니다. "보니까 이번 숙제 때문에 마음이 불안한 것 같구나. 우리 1분 동안 쉬었다가 다시 같이 살펴보자."

아이가 부정적 감정을 느낄 때(우리 '모두' 느끼는 감정이므로 아이도 느낄 것입니다) 죄책감이 들지 않도록 감정을 '좋은' 것, '나쁜' 것으로 나누지 마세요. 아이가 감정을 몸으로 느끼며 그 순간에 집중할 수 있게 도와주세요. 아이의 감정에 이름을 붙여주고 아이가 안전하며 지지받고 있다고 느낄 수 있게 함께해주면 됩니다. 이를테면 이렇게 말해줄 수 있겠지요. "불안해 보이네. 괜찮아, 내가 옆에 있잖아." 그런 뒤 아이의 기질이나 상황에 따라 잠시 아이를 안아주거나, 어깨를 토닥이거나, 가까이에 있어주거나, 조용히 함께 앉아 있어주세요. 그러면 아이가 감정은 자신을 지배하지 않으며 나에게 무슨 일이 일어나고 있는지 이해하게 도와주므로(예를 들어 공부하다 신경질을 낸 아이가 느꼈던 근원적인 감정은 잘 해내지 못할 것에 대한 두려움이었습니다) 두려워할 필요가 없다는 사실을 점차 깨닫는 데 도움이 될 것입니다. 감정으로 드러난 욕구는 지원하고 충족할 수 있으므로 감정은 해로운 것이 아니라 유익한 것입니다.

대다수 과학자가 내린 결론에 따르면 우리 중 95퍼센트가 성인이 될 때쯤이면 잠재의식에 기억된 일련의 행동에 따라 움직인다고 합니다. 그러니 아이들이 더 의식적으로 행동하고 반응하고 대응할 수 있게 지원한다면, 어떤 생각과 감정이 어떤 행동으로 이어지는지 깨달을 수 있게 도와준다면 아이들은 생각이 불편한 감정을 불러일으킬 때 (늘 그랬듯 무의식적이고 반복적인 방식으로 반응하는 대신) 더 의식적으로 움직일 수 있습니다.

아이의 감정을 인정해주는 방법

격앙된 '순간'에 아이의 감정을 인정해주는 가장 간단한 방법은 그저 보이는 대로 말하는 것입니다. 이를테면 "마음이 답답해 보이네", "들어보니 정말 속상하겠다", "왜 그런 기분이 드는지 알겠어, 그런 기분이 들어도 괜찮아"라고 말해주는 것입니다. 이것은 기분이 좋지 않은 아이와 소통할 때 매우 중요한 첫 단계입니다. 어떤 상황이든 간에 아이가 행동으로 소통하려고 하는 메시지는 대개 이런 내용입니다. '전 화가 나요/슬퍼요/지쳤어요…제 마음을 좀 알아주세요!'

　감정을 인정해준다는 것은 잘못된 행동을 용인하거나 그런 행동을 하고도 '그냥 넘어가게' 내버려둔다는 뜻이 아닙니다. 아이가 한 행동이 아무리 바람직하지 않아도 그런 행동을 한 '이면'의 이유와 행동을 '통해' 소통하고 있는 감정을 인식하고 이해한다는 뜻이지요.

　　　　　　　6장 행동을 해석하고 감정을 인정하라

원인을 모르면서 증상을 치료하려고 하지 않음으로써 아이를 근본적으로 지원할 수 있습니다. 혹시 아이가 한술 더 떠 더 심한 행동을 하거나 "선생님은 이해 못 해요", "엄마는 내가 어떤 기분인지 몰라" 같은 말을 하더라도 여기에 주의를 빼앗기거나 부정적인 반응을 보이지 않도록 주의하세요. 이럴 때는 아이의 감정을 인정하는 말을 건네고 한계와 기대를 유지하며 누군가 봐주고 들어주고 있으며 안전하다는 느낌을 다시 한번 심어주세요.

아이가 성질을 부리거나 분노를 터뜨리는 것을 멈출 수 있는 마법 같은 말이나 방법은 없습니다(안타깝게도 말이지요!). 이런 '순간'에는 평정심을 유지하고 아이와 계속 교감하며 아이의 '감정'을 모두 수용해주어야 합니다. 경험상 쉽지 않다는 것을 알면서 너무 쉽게 말씀드리는 것 같네요. 하지만 연습을 거듭하면 '분명' 더 쉬워집니다. 일단 격앙된 '순간'이 지나가고 아이가 차분해지고 기분이 좋아지면 그때를 기회 삼아 다시 부드럽게 타일러주세요.

감정을 알아주면 아이는 제 감정을 잘 알아차리게 된다

아이는 자신의 감정이 바뀔 '수' 있다는 사실을 알아야 합니다. 숙제 때문에 불안하고 화가 났던 적이 있다고 해서 앞으로도 쭉 그럴 필요는 없다는 것이지요. 아이의 통역사가 되어 아이가 행동하기 전에 떠올린 생각과 감정을 파악할 수 있다면 아이에게 어떤 욕구가 있으

Part2 지속가능한 지도법

며 그 욕구를 충족하려면 어떻게 지원해야 하는지 알 수 있으므로 나의 인식도 달라집니다. 감정 온도 체크 전략(298쪽)을 활용하고 있다면 아이의 감정이 긍정적이든 부정적이든 '모두' 인정해주는 것도 시작해보세요. 예를 들어 아이가 기분이 아주 좋을 때 감정을 알아주고 이름을 붙여주는 것입니다. 어른이 제 감정(행동이 아닌 행동 이면의 '감정')을 알아주고 이름을 붙여주며 전부 수용해주는 모습을 보면서 아이도 점차 따라 할 수 있게 말입니다. 아이가 자라면서 통찰력이 더 생기면 제 감정에 호기심을 갖는 것을 당연하게 여길 것입니다(아주 어린 나이에도 가능한 일이며, 사실 어릴 때 지원하고 지도할수록 더 좋습니다). 그러면 감정에 붙어 있는 '무서운' 요소, 즉 감정이 느껴질 때 달리 어떻게 해야 할지 몰라서 도망치거나 바람직하지 않은 방식으로 표현하고 싶게 하는 요소가 점차 사라지기 시작할 것입니다.

내가 느끼는 모든 기분과 감정을 나의 현재 상태를 보여주는 지표로 받아들일 수 있다면 탓할 것도 부끄러워할 것도 없다는 말을 진정으로 체화했다고 할 수 있습니다. 아이들이 이런 관점을 취하게 된다면 감정을 억누르거나, 폭발하거나, 실제 감정과 다른 감정을 느끼는 척하거나, 자신이 느끼는 감정을 두고 다른 사람을 탓하거나 무안을 주는 등 우리 사회에서 흔히들 큰 감정을 처리해온 방식에서 벗어날 수 있을 것입니다. 자신의 감정과 잘 연결된 새로운 세대가 우리 대부분이 자라며 배웠던 경직된 감정 처리 방식을 바꿀 수 있기를 바랍니다.

6장 행동을 해석하고 감정을 인정하라

나를 돌보는 것을 잊지 않기

나의 감정을 인정해주는 것도 잊지 마세요! 아이의 행동에 부아가 치
민다면 이것은 자신에게 관심을 기울이라고 알려주는 가벼운 신호이
기도 하다는 점을 기억하세요. 아이의 행동이 내 안의 무언가를 건드
리고 있는 것이니까요. 이렇게 해석할 수 있다면 성장이 필요한 부분
을 파악하는 데 도움이 됩니다. 아이를 부드럽게 지도하는 일은 나의
감정을 조절하고 아이와 연결감을 계속 이어갈 때 더욱 쉬워집니다.

- 사람은 감정을 떠나 생각할 수 없습니다.

- 행동 이면의 이유를 살펴보세요. 행동은 소통 수단이라는 점을 기억하세요.

- 몸은 다시 조건화할 수 있지만 그러려면 시간과 연습, 인내가 필요합니다.

- 모든 감정을 수용하고, 감정을 '좋은' 것과 '나쁜' 것으로 나누지 않도록 주의하세요.

- 감정은 충족되지 않은 욕구가 있다는 신호이니 해로운 것이 아니라 유익한 것입니다.

- 감정을 인정해주면 아이는 누군가 봐주고 들어주고 있으며 안전하다는 느낌을 받으므로 아이와 교감하는 데 도움이 됩니다.

- 나의 안녕감을 돌보면 다른 사람들의 감정을 인정해주는 일이 수월해집니다.

관계에 금이 갔을 때
유대감을 다시 쌓고 회복하기

괜찮지 않아도 괜찮습니다. 어른도 다양한 감정을 느낀다는 것을 볼 수 있을 때 어른은 아이에게 더 공감할 수 있는 존재가 됩니다. 오히려 어떤 감정을 느끼는지 못 보게 하면 아이가 비슷한 감정을 느낄 때 어른들은 이해하지 못한다고 생각할지 모르므로 위험할 수 있습니다(그런 적이 있다고 해서 탓하거나 부끄러워할 것은 아닙니다). 아니면 특정한 감정을 느끼면 안 된다고 생각해서 어른들이 하는 것을 본 대로 감정을 숨기거나 묻어두려고 하다가 감정을 표현하는 방법으로 바람직하지 않은 대처 전략(82쪽)을 찾게 될지도 모릅니다. 모든 감정은 어떤 식으로든 '표출되어야' 합니다. 그러지 않으면 몸이 감정을 꼭 붙들고 있다가 두통, 몸살이나 병 같은 신체 반응을 일으킬 수 있습니다. 아이에게 때로는 괜찮지 않아도 괜찮다는 것을 보여주고 더 건강하게 대처하는 방법을 알려주면 관계에 균열이 생겼을 때 아이가 화해를 청하는 말에 귀 기울이고 반응할 가능성이 더 높습니다.

다음에 나오는 제언들은 책 전반에 걸쳐 더 자세히 다뤄지므로 참조된 페이지에서 더 많은 내용을 확인해보세요.

- **인정하라**: 화를 못 참고 성질을 냈다면(탓할 것도 부끄러워할 것도 없습니다. 당신은 사람일 뿐이고 우리 모두 겪어본 일이니까요) 깔끔하게 인정하세요. 이를테면 "소리 질러서 미안해. 피곤해서 그랬어"라는 말로 아이에게 사과하며 행동의 배경이 된 생각과 감정을 설명해주면 됩니다. 다만 "소리 질러서 미안해. 하지만 네가 말을 안 듣고 있어서 화가 났어" 같은 말로 아이를 비롯한 다른 사람을 탓하거나 무안을 주지 않도록 주의하세요. 우리는 모두 자기 행동과 감정에 책임이 있으며, 상황에 어떻게 대응할지 언제나 선택할 수 있습니다(저는 이 사실이 정말 힘이 됩니다).
- **부드러운 지도법은 '모두'에게 도움이 된다**: 일과, 한계와 기대, 의식적인 언어 사용이 주는 정서적 확신과 안전감, 안정감, 지원은 아이'뿐만 아니라' 당신에게도 해당합니다! 이 항목들을 일관되게 실천한다면 더 어려운 시기에

정서적 안전망이 되어줄 수 있으며, 당신이 안정될 수 있게 도와주어 관계에
같은 방식으로 다시 균열이 생길 가능성을 줄입니다.

• **안녕감(153쪽)과 정서적 연결(170쪽)**: 무엇보다 나의 안녕감을 유지하는 것이
중요한 이유는 그래야 아이를 지원할 여유가 더 생기기 때문입니다. 정서적
연결은 유대감을 강화하는 열쇠입니다. 안녕감과 정서적 연결은 아이와 아
이의 행동을 별개로 인식하게 도와주며, 종종 충돌로 이어지는 어른과 아이
모두의 스트레스와 불안을 줄여줄 수 있습니다.

7장

행동 지원의
여정을 준비하기

이 책에서 소개하는 도구들은 모두 아이를 예방적으로 지원하는 방법을 익히게 하는 것을 목표로 합니다. 예방적 지원이 언제나 가장 효과적이기 때문입니다. 저는 꼼수나 임시방편 같은 손쉬운 해법을 지지하지 않습니다. 이런 것은 장기적인 해결책이 될 수 없습니다. 예를 들어 차를 타고 장거리 여행을 떠난다고 하면 출발하기 전에 타이어도 점검하고 기름도 넣고 중간에 먹을 간식과 물도 충분히 챙기겠지요? 여정을 준비한다는 것은 이런 것입니다. 여행길에 예기치 못한 문제가 생기면 그제야 대응하는 것이 아니라 미리 대처해 막습니다. 문제가 생길 가능성을 완전히 없애지는 못하더라도 최선을 다해 대비하는 것입니다.

아이들은 저마다 다른 고유한 존재들이지만, 제 부드러운 지도법의 기반이 되는 공통분모를 가지고 있습니다. 바로 정서적 안전감에 대한 원초적 욕구와 필요입니다. 아이가 성장하고 발전하는 속도에 맞춰 행동 지원의 여정을 미리 준비할 수 있다면 아이가 제 감정을 이해하도록 돕고 진정한 자아로 성장하는 데 필요한 안정감을 줄 수 있습니다. 여정을 준비하는 사람의 역할은 늘 그렇듯 제 마음 상태를 잘 돌보는 것에서 시작하는데, 우리는 행동부터 하는 경향이 있어서 이 점을 받아들이기 어려울 수 있습니다. 그저 요령과 비법을 익혀서 서둘러 행동에 뛰어들고 싶어 합니다. 하지만 마음가짐이라는 토대 없이 '행동'이 지속되기는 무척 힘듭니다. 최근 유명한 테니스선수의 경기를 보는데 해설위원이 이런 말을 하더군요. "선수가 오늘 멘탈이 흔들려서 기대만큼 실력 발휘를 못 했네요." 트레이너에게 집중 코칭을 받으며 전술과 위치 선정에 공을 들이고 몇 달, 몇 년을 훈련한다 한들 이처럼 경기 당일에 마음가짐이 흐트러지면 돌이킬 수 없는 것입니다.

여정을 준비하는 데는 지금까지 각 장에서 다룬 주제들이 도움이 될 것입니다. 무엇보다 중요한 것은 지속할 수 있는 긍정적 습관을 기르고, 마음가짐을 바로 하며, 아이를 일관성 있게 지원하는 것입니다. 이번 장에서는 이 내용을 더 자세히 살펴보는 한편 아이에게 제공할 수 있는 실질적 지원과 바로 시도해볼 수 있는 (대응적 지원이 아닌) 예방적 지원에 관한 조언도 소개하려 합니다.

오래된 습관은 고치기 어렵다

무언가를 그만두거나 새로운 긍정적인 습관을 길러보겠다고 덤벼들었다가 얼마 못 가 흐지부지되며 원래대로 돌아왔던 적이 있나요? 우리 대부분이 행동을 쉽게 바꾸지 못하는 것은 지극히 당연한 일입니다. 저 역시 건강을 위해 식단 관리와 운동을 하겠다고 야심 차게 계획을 세웠다가 1~2주 만에 실패한 적이 얼마나 많은지 모릅니다. 우리가 행동의 순환에 갇히게 되는 이유 중 하나는 그 순환이 너무 익숙하다 보니 새로운 습관이 장기적으로 더 좋다고 생각해도 익숙한 습관으로 돌아가기가 훨씬 쉽기 때문입니다.

아이를 돌보다 보면 '쟤는 왜 내가 싫어할 걸 알면서도 저런 행동을 계속하지?', '잔소리가 듣기 싫으면 안 하면 되잖아!' 같은 생각이 들 때가 많을 것입니다. 저는 아이들에게 "엄마가 같은 얘기를 몇 번이나 해야 하니?!"라는 말을 밥 먹듯이 하기도 합니다. 하지만 평생의 습관을 고치거나 새로운 습관을 들이기 어려운 것은 아이도 마찬가지입니다. 어떤 행동을 하거나 하지 않는 것이 장기적으로 더 나을 수 있다는 것을 알아도 새로운 습관을 들이려면 같은 행동을 오랜 시간 꾸준히 반복해야 합니다. 게다가 아이들은 뇌가 아직 완전히 발달하지 않아서, 어른들이 어떤 상황을 접했을 때 전전두엽 피질이 활성화되며 이성적으로 반응할 가능성이 높다면, 아이들은 편도체가 활성화되며 감정적으로 반응할 가능성이 높습니다. 어른들이 '알 만한 애가 왜 그래, 도대체 무슨 생각을 했던 거야?'라고 생각하거나 말할 때 사실 아이들은 어른처럼 뇌가 발달하지 않아서 같은 방식으로 생각하지 않고 있었던 것입니다. 이것은 매우 흥미로우면서도 힘이 되는 사실이 아닌가 합니다. 격앙된 '순간'에 이런 생리학적 차이를 떠올린다면 아이의 행동을 다르게 인식하는 데 도움이 되어 아이의 행동을 부드럽게 지도하고 지원하는 데도 긍정적인 영향을 받을 수 있을 것입니다.

마음가짐을 최대한 단단히 지켜나갈 것

이미 한두 차례 말씀드렸다시피 효과적인 행동 지원의 여정을 준비하는 데 가장 중요한 도구는 마음가짐을 바로잡는 것입니다. 살아가면서 하루도 빠짐없이 긍정적인 마음가짐을 유지해야 한다는 말씀은 아닙니다(이것이 상대적으로 더 어려운 분들도 계실 것입니다). '정말' 중요한 것은 의식적 자각입니다. 내 생각-감정-행동의 순환을 의식적으로 자각하기만 해도 아이를 더 잘 지원할 수 있습니다. 아주 잘하고 있다는 느낌이 들지 않아도, 부정적인 감정이 느껴져도 괜찮습니다. 다만 나의 부정적 행동을 남에게 투사하면 문제가 됩니다. 이 점을 행동으로 직접 보여주며 가르쳐줄 수 있다면 아이가 자라면서 배우는 교훈 중에 이만큼 힘이 될 것도 없을 것입니다.

+ 사례 연구 +

두 살배기 딸 퍼넬러피를 혼자 키우는 앰버가 저를 찾아왔습니다. 앰버는 불안과 우울에 시달리고 있었고 이런 마음 상태가 육아에 영향을 미치고 있다고 걱정했습니다. 침대 밖을 나오기 힘든 날도 있지만, 딸 덕분에 살아갈 힘이 난다고도 했습니다. (저는 본격적인 상담을 시작하기 전에 앰버가 정신 건강에 필요한 도움을 받고 있는지 확인했고, 그렇다는 답변을 받았습니다.) 앰버는 (우리가 모두 그렇듯) 현재 위치에서 정말 최선을 다하고 있었습니다. 하지만 다른 사람들이 자신의 육아 방식을 어떻게 생각하는지에 지나치게 집착했습니다. 남들 생각을 신경 쓰고 싶지 않았지만 퍼넬러피가 떼를 쓸 때처럼 격앙된 순간에는 사람들이 자신과 딸을 보며 하고 있을 듯한 생각에 크게 영향받곤 했습니다.

저희는 먼저 앰버의 마음가짐을 살펴봤고, 그 시작은 인식이었습니다. 앰버는 떼를 쓰는 행동에 관한 자신의 인식에 의문을 제기하는 것만으로 기분이 조금 나아졌습니다. 아이가 떼를 쓰는 것은 '나쁜' 행동이 아니라 자기가 도저히 감당할 수 없는 감정을 표현하는 것이라는 말을 마음속으로 몇 번이고 되뇌기 시작했습니다. 인식을 이렇게 바꾸니 아이의 행동이 더 잘 이해되면서 힘이 나는 느낌이 들었고, 사람들 앞에서 당황스럽거나 부끄러울 때가 여전히 있기는 해도 조금은 더 견딜 만하게 느껴졌습니다.

아이를 키우거나 지원하는 일이 어떤 이상에 꼭 들어맞아야 한다고 생각하면 늘 실망하거나, 실패하거나 '제대로 못 하고 있다'고 느낄 것입니다. 죄송하지만 이상적인 상황이나 방법은 없습니다. 사람마다 참을 수 있는 정도도 건드려지는 부분도 다르니 아이를 지원하는 방식도 다를 수밖에 없습니다. 우리가 아이를 어떻게 키워야 하는지, 어떻게 가르치거나 지원해야 하는지는 모든 사람들이 각자의 생각을 가지고 있다고 할 정도로 매우 감정적인 주제입니다. 자기라면 그렇게 안 할 것이라고 이런저런 지적을 하며 양육자인 나의 직감을 깎아내리려는 사람을 언젠가는 만나기 마련이니 날마다 안녕감을 높이는 전략(4장 참조)을 실천하며 마음가짐을 최대한 단단히 지켜나가기를 바랍니다.

중요한 것은 목적지가 아닌 여정이다

이것은 '정말' 중요한 개념입니다. 아이가 어떻게 행동했으면 좋겠다는 최종 목표가 있어서 목표에 도달할 때까지 모든 만족감을 유예한다면 늘 불만족스러운 상태로 살게 될 가능성이 높습니다. 아이는 저마다의 방식으로 '평생' 성장하고 발달하므로 이 여정을 받아들이고 호기심 있게 지켜보며 아이가 조금씩 발전하는 모습을 인정하고 칭찬해주세요. 완벽을 추구하는 대신 발전에 집중하고, 종착점에 집착하지 말고 과정을 즐기세요. 그러면 아이가 자라나는 동안 행동을 지원하는 여정이 모두에게 훨씬 더 즐거운 경험이 될 것입니다.

발전은 전진과 후퇴를 반복하는 과정이다

이번 장의 서두에서 살펴봤듯 오래된 행동 패턴을 내려놓기란 쉽지 않습니다. 인간의 뇌는 지름길을 따라 가장 잘 아는 것으로 되돌아가도록 설계되어 있으니까요. 탓할 일도 부끄러워할 일도 아니지만, 아이가 예전의 행동 패턴으로 돌아가면 '효과가 없잖아', '원점으로 돌아왔네' 같은 생각이 들기 마련입니다. 하지만 이렇게 후퇴하는 순간에 아이를 일관성 있게 대하고 '자라고 배우는 과정에서 있을 법한 일이야, 아이들은 뇌가 아직 완전히 발달하지 않았으니까', '아이들은 원래 충동적인 성향이 강해'라고 인식하면 계속 노력할 수 있는 정서적 힘이 생깁니다. 그러니 기억하세요. 아이가 바람직하지는 않아도

7장 행동 지원의 여정을 준비하기

편안한 예전의 행동 패턴으로 돌아가는 것은 발전하는 과정입니다! 이럴 때 아이가 조금씩 발전하는 모습을 알아보고 기뻐해준다면 이 시기를 지나는 데 도움이 될 것입니다. 필요한 경우 어린아이인 조애나(107쪽)와 십 대인 리암(109쪽)이 이룬 점진적 발전의 사례를 다시 살펴보면 안심이 될 것입니다.

한 번에 한 걸음씩

불만족스러운 상태가 만족스러운 상태로 단번에 바뀌지는 않습니다. 만족감을 느끼기 전에 중간에 있는 여러 감정을 거칠 것이며, 이런 감정 하나하나가 발전의 단계입니다. 이 감정들을 부정적으로 인식하면 이런 과정이 곧 발전이라는 사실을 완전히 놓쳐버릴 수 있습니다. 두려움보다 분노가 사실 더 낫다고 생각해보신 적이 있나요? 다음 그림 속 감정의 징검다리는 디딤돌을 하나씩 건널 때마다 여정에서 발전이 일어난다는 것을 보여주고 있습니다(더 자세한 내용은 10장에 있는 자료를 참고하세요).

이런 관점에서 보면 분노는 두려움에서 한 걸음 떨어져 있지만, 여전히 올바른 방향으로 한 걸음 나아간 감정이라는 점을 알 수 있습니다. 마찬가지로 죄책감에 빠져 있는 것보다는 압도감을 느끼는 편이

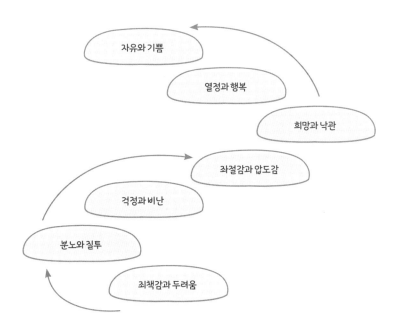

낫습니다.

주의할 점은 제가 징검다리 비유를 들어 설명하려는 것이 행동이 아니라 '감정'이라는 것입니다. 앞 내용을 보면서 감정과 연관된 '행동'을 떠올렸을지도 몰라서 드리는 말씀입니다. 이를테면 '분노'라는 단어를 볼 때는 소리를 빽 지르는 행동이, '두려움'이라는 단어를 볼 때는 몸을 바들바들 떠는 행동을 떠올릴 수 있습니다. 그래도 전혀 문제 없습니다. 잠재의식적으로 감정과 행동을 연관 짓는 것은 아이들도 마찬가지입니다. 그래서 아이가 화가 나면 같은 행동을 반복하는 모습을 자주 볼 수 있습니다. 하지만 제가 여기서 강조하는 것은

7장 행동 지원의 여정을 준비하기

같은 감정이 들어도 다른 행동을 선택할 수 있지만, 그러려면 애초에 그 감정을 느껴도 괜찮다고 인식할 수 있어야 한다는 점입니다. 그래야 화가 머리끝까지 나도 소리를 지르지 않을 수 있고, 답답한 마음이 들어도 무례하게 굴지 않을 수 있습니다. 이런 감정은 나쁜 감정이 아니라 내가 현재 어떤 상태인지, 어떤 정서적 욕구가 충족되어야 하는지 보여주는 지표입니다. 어떤 감정을 느낄 때 죄책감이나 수치심이 든다면 그 감정과 연관된 행동이나 태도를 바꾸기가 훨씬 어렵습니다. 어떤 감정이든 느껴도 괜찮지만 화가 난다고 언어적, 신체적 공격을 하는 식으로 그 감정을 해로운 행동의 형태로 남에게 투사한다면 문제가 있습니다.

어떤 감정이든 '느껴도' 괜찮다는 것을 잊지 마시고 아이에게도 가르쳐주세요. 감정의 징검다리를 나와 아이를 위한 추가적인 도구로 활용한다면 아이가 조금씩 발전하는 모습을 알아보며 기뻐할 수 있을 것입니다. 당신은 정말 잘하고 있습니다. 발전은 전진과 후퇴를 반복하는 과정이니 나도 아이도 중간에 두려움에 빠질 수 있다는 점을 기억하고, 다시 한번 전진하기 위해 안녕감을 유지하며 감정의 디딤돌을 하나씩 건너가시기를 바랍니다. 발전이란 이런 모습이라는 생각을 당연하게 받아들이고 5장에 나온 도표(190쪽)를 다시 보며 내용을 상기해보세요.

대응하기보다 예방하라

이번 장을 시작하며 들었던 장거리 여행 비유를 떠올려보세요. 치료보다는 예방이 낫듯 할 수만 있다면 대응책보다는 예방책을 마련하는 데 힘을 쏟아야 합니다. 이 책에서 소개한 도구를 이미 하나라도 읽고 실행하기 시작했다면 여정을 떠날 준비를 시작한 것입니다. 장기적 접근법과 사고방식을 제시하는 도구들 외에도 아이와 함께 일상에 적용해보면 좋을 예방적 도구들이 많으므로 활용한다면 당장 오늘부터 아이에게 도움이 될 것이며 인생이 좀 더 수월해질 것입니다.

아래는 대응적 지원이 아닌 예방적 지원의 방법을 보여주는 사례들입니다. 첫 번째 사례는 어린아이, 두 번째 사례는 나이가 더 많은 아이를 돌보는 분들이 일반적으로 겪는 상황을 소개하고 있으나, 제가 제안하는 방법은 매우 비슷하다는 것을 보실 수 있을 것입니다.

+ 사례 연구 +

어린아이가 성질을 부릴 때 어떻게 대응하면 좋을지 물으시는 부모님들과 선생님들이 많습니다. 저는 애초에 그런 일이 일어나지 않도록 예방하는 방법이 있으니 안심하시라는 말씀을 드리고 싶습니다. 아이들은 놀이터에 다녀오거나 장난감을 정리하라는 말을 들을 때처럼 평범한 상황에서도 자기가 정확히 무엇을 해야 하는지 알고 싶어 합니다. 자기가 해야 할 일을 알면 상황이 어떻게 흘러가겠다는 정서적 확신이 생기면서 불안과 스트레스가 줄어듭니다. 그러니 크든 작든 어떤 '일'을 하기 전에는 간단한 계획표를 만들어서 단계별로 설명하며 어떤 상황이 펼쳐질지 명확히 알려주세요. 처음에는 공원 나들이처럼 사소해 보이는 일부터 연습하는 것이 가장 좋습니다. 작은 일에 성공하면 힘이 생기지만, 목표를 크게 세웠다가 결과가 좋지 않으면 어른도 아이도 낙심할 수 있습니다.

아이의 성향이나 나이, 요구, 상황에 따라 그림으로 그린 시간표를 활용해 역할극을 해봐도 좋고, 그냥 아이와 한 번 이상 미리 이야기를 나눠도 좋습니다. 준비 단계에서 선택의 언어를 사용해 아이에게 안전한 통제권을 주세요. 이를테면 "공원에서 나올 때가 되면 미끄럼틀을 한 번 더 탈래, 아니면 그네를 다섯 번 더 밀어줄까?" 또는 "할머니 댁에서 나올 때가 되면 신발 신는 걸 엄마가 도와줄까, 아니면 할머니가 도와줄까?"라고 물어보며 (내가 받아들일 수 있는) 두 가지 선택지를 주는 것입니다. 그런 다음 실제로 집으로 돌아갈 시간이 되면 미리 연습한 것과 '같은' 선택지를 아이에게 주세요. 사전에 동의하고 연습한 내용을 그대로 따르며 기대와 한계를 유지하되, 일이 잘 풀리지 않으면 처음이니 그럴 수 있다는 것을 기억하고 나중에 아이가 기분이 나아졌을 때 다시 연습해보세요. 아이가 조금이라도 발전했다면 꼭 알아봐주세요. 예를 들어 아이가 미끄럼틀을 한 번 더 타는 선택지를 골라놓고 나중에 난리를 피웠다고 해도 이것은 '분명' 발전한 것입니다! 그냥 바로 예전의 행동 패턴으로 돌아가서 바닥에 드러누워 소리를 지를 수도 있었지만, 실망감이 든다고 해서 꼭 그렇게 행동할 필요는 없다는 것을 이해하고 사전에 계획한 선택지 중 하나를 고를 수 있었으니 이것 자체로 발전이지요.

예방 전략이 효과가 있으려면 아이의 연령대와 관계없이 아이를 대할 때 일관성과 정서적 연결을 유지해야 하며, 늘 그렇듯 나의 안녕감을 보호해야 합니다.

+ 사례 연구 +

일과와 언어, 기대, 한계는 나이가 있는 아이들에게도 영향력이 큰 중요한 도구입니다.

아이가 친구들과 놀다가 집에 들어오는 시간 때문에 갈등이 있다고 해보겠습니다.

이럴 때는 아이와 내가 기분이 좋을 때 아이의 상황에 맞게 간단한 계획을 세워보면 좋습니다(나이가 많아도 때에 따라서는 그림으로 그린 시간표가 유용할 수 있습니다). 그러면 아이는 앞으로 일어날 일에 정서적 확신이 생기면서 불안과 스트레스가 줄어듭니다. 스트레스의 징후는 어린아이에게 더 분명하게 나타날지 몰라도, 아이들은 나이와 관계없이 이런 감정을 느낀다는 점을 기억하세요. 계획을 세우는 과정에서는 아이에게 주제에 관한 생각을 물어보고(이 예시에서는 아이가 생각하는 적당한 귀가 시간이 되겠지요.) 대답을 경청하세요. 그리고 선택의 언어를 사용해서 안전한 통제권을 주세요. 이렇게 아이를 적극적으로 참여시키며 감정을 인정해주면 아이는 봐주고 들어주고 있으며 안전하다는 느낌을 받을 수 있습니다. 이를테면 "자정까지 놀다 들어오고 싶은 건 이해해. 나도 네 나이 때 그러고 싶었을 거야. 이건 네가 나이를 더 먹으면 다시 이야기해보자. 우선 지금은 9시 전 시간으로 생각해볼 수 있겠니?"라고 물어보는 것입니다. 상황에 따라서는 "집에 오면서 메시지를 보내줄래, 아니면 내가 메시지를 보낼까? 어떤 게 더 좋겠어?" 같은 선택지를 추가할 수도 있습니다. 나중에 아이가 외출할 때가 되면 일과를 단계별로 상기시키고 아이가 늦게 돌아왔을 때 어떤 상황이 펼쳐질지도 명확히 알려주세요. 이를테면 "집에 5분 이상 늦게 들어오면 다음번에 8시 반까지 와야 할까, 아니면 다음 외출은 못 나가고 그다음 외출 후 9시까지 와야 할까?"라고 말해줄 수 있겠지요.

그런 다음 사전에 동의한 내용을 그대로 따르며 기대와 한계를 유지하되, 처음부터 잘되지 않아도 괜찮다는 점을 기억하세요. 아이가 기분이 좋을 때 다시 이야기를 나누고 조금씩 발전하는 모습을 알아봐주면 됩니다. 예를 들어 집에는 늦게 왔어도 오면서 메시지를 보냈다면 잘한 일에 초점을 맞추세요. 늦었다고 야단치기보다 "오는 길에 메시지를 보내줘서 고마워. 정말 책임감 있구나"라고 말해주고 사전에 동의한 한계를 유지하는 것입니다. 이 부분은 이미 사전에 이야기된 내용이니 일관성을 지킨다면 아이의 점진적 발전을 칭찬하고 인정할 여지를 남겨두면서도 기대와 한계를 유지하는 자유를 누릴 수 있습니다. 아이는 기분이 좋을수록 더 나은 행동이나 반응, 태도를 보일 것이므로 이렇게 하면 궁극적으로 아이를 계속 '더 잘하도록' 격려할 수 있을 것입니다.

일과 = 정서적 확신

언어 = 정서적 지원

기대 = 정서적 안정감

한계 = 정서적 안전감

• 새로운 습관을 들이기보다 익숙한 습관으로 돌아가기가 훨씬 더 쉽습니다.

• 새로운 습관을 기르려면 같은 행동을 오랜 시간 꾸준히 반복해야 하지만, 하지 못할 일은 아닙니다.

• 어른들이 상황에 이성적으로 대응할 가능성이 더 높다면, 아이들은 감정적으로 대응할 가능성이 더 높습니다.

• 행동은 전진과 후퇴를 반복하며 발전합니다. 2보 전진하고 1보 후퇴하는 것처럼 느껴질 수는 있어도 당신은 '분명' 발전하고 있습니다.

• 가능한 한 대응하기보다 예방하세요.

아이에게 보상을
어떻게 줄 것인가

우리는 모두 감정을 동기 삼아 살아갑니다. 우리가 무언가를 원하는 이유는 대상을 손에 넣었을 때 따라오리라고 생각하는 '감정' 때문입니다. 그러니 아이에게 어떤 보상을 주면 좋을지 고민할 때 이 점을 염두에 두시기를 바랍니다. 보상이 아이에게 자부심이나 독립심, 행복감, 성취감 또는 인정받는 느낌을 느끼게 해준다면 그것이 바로 동기부여입니다. 좋은 기분을 느끼게 해주는 것은 누구에게나 최고의 보상이며, 아이들은 기분이 좋으면 더 바람직하게 행동합니다. 구체적으로 어떤 보상이 가장 좋은지 물으시는 분들이 종종 있습니다만, 이것은 사실 아이마다 다르므로 다음 사항을 유의하시면 좋겠습니다.

- 결과가 아닌 노력에 대해 보상을 해주세요. 보상은 뇌물로 쓰여서는 안 되며 아이의 성장과 발전을 지원하는 데 쓰여야 합니다.

- 궁극적으로 보상의 핵심은 좋은 기분을 느끼게 해주는 것이므로, 가장 좋은 보상의 유형은 대개 언어적 보상입니다. 물질적 보상이 잘못된 것은 전혀 아니지만, 그것만으로 아이에게 동기를 부여하기에는 부족할 것입니다. 보상의 영향력을 크게 만드는 것은 정서적 연결감 또는 보상 이면에 있는 감정입니다. 같은 보상이더라도 별로 가깝지 않은 사람보다 안정 애착을 맺고 있는 사람에게 받았을 때 기분이 훨씬 더 좋을 것입니다.

다음에 나오는 제언들은 책 전반에 걸쳐 더 자세히 다뤄지니 참조된 페이지에서 더 많은 내용을 확인해보세요.

- 점진적 발전(103쪽): 아무리 작은 발전이라도 인정하고 칭찬해주는 것은 (어른뿐만 아니라) 아이에게 동기를 부여하는 매우 좋은 방법입니다. 우리는 "숙제를 다 하면 영화를 볼 수 있어"와 같은 말로 당근을 내걸며 아이가 하기 싫어하는 일을 끝까지 해내도록 하는 데 집중할 때가 참 많습니다. 하지만 숙제를 시작해서 끝낼 때까지 걸리는 시간은 아이에게 한없이 길게 느껴질 수 있어서(몇 분 뒤면 영화를 볼 수 있는지 시간을 세고 있다면 더더욱 그럴 것입니다), 아이는

Part2 지속가능한 지도법

시작하기도 전에 불만을 느낄지도 모릅니다. 제 경험상 훨씬 효과적인 방법은 아이가 하기 싫은 일을 하는 도중에 지원해주는 것입니다. 예를 들어 아이가 숙제하려고 자리에 앉았다면 내키지 않는데도 그렇게 했다는 것을 알아보고 칭찬해주세요('봐주고 들어주고 있으며 안전하다는 느낌'을 주는 전략을 활용해 감정을 알아주면 좋습니다. 134쪽을 참조해주세요). 그런 다음 5분 뒤에는 그때까지 한 일을 인정하고 칭찬해주세요. 이렇게 일정 간격을 두고 계속 반복한다면 아이는 지지받고 있다는 느낌을 받으며 일을 한 단계씩 끝마칠 힘을 얻게 될 것입니다.

• 내 감정을 투사하지 말라: 부모님들이나 선생님들이 "네가 그렇게 행동하면 엄마는 정말 슬퍼", "네가 이렇게 행동하니 선생님은 정말 기뻐" 같은 표현을 쓰는 것을 듣게 될 때가 많습니다(탓할 일도 부끄러워할 일도 아닙니다). 아이는 내 행복을 책임져야 하는 사람이 아니며, 이런 책임감이 생각과 감정에 부담으로 작용하면 아이는 대개 바람직하지 않은 방식으로 행동하게 됩니다. 당신이 불행한 것이 자기 잘못이라고 생각하면 기분이 좋을 수 없으므로 부정적인 생각-감정-행동의 순환(78쪽)에 갇히기 쉽습니다. 대신 "정말 대견하다, 고생 많았어", "네가 얼마나 책임감/독립심이 강한지 잘 보여주는구나"와 같은 말로 피드백을 바꿔보세요.

• 보기 전에 말하라: 아이가 칭찬받을 만한 행동을 하기도 전에 긍정적인 피드

부드러운 지도법

백을 해주면 아이는 당신이 자신을 믿고 신뢰한다는 메시지를 전달받습니다. 수업을 시작하며 아이들에게 "오늘 수업은 아주 잘될 거야"라고 말해주고 (앞에 나온 '점진적 발전' 항목에서 말씀드렸듯) 아이들이 이 목표를 조금씩 이뤄나갈 수 있도록 단계적으로 지원해주세요. 아이와 공원에 다녀오는 일이 처음부터 끝까지 순조로워야만 성공인 것은 아닙니다. 아이가 집으로 돌아갈 시간이 됐을 때 울기는 해도 바닥에 드러눕지 않는다면 그것도 성공이고, 십 대 아이가 집에 늦게 들어오기는 해도 예전처럼 한 시간이 아니라 10분 늦는다면 이것 역시 성공입니다. 제대로 된 방향으로 나아가고 있다면 작은 걸음일지라도 매번 인정하고 칭찬해주세요. 그러면 어른과 아이 모두 계속 발전할 의욕이 생길 것입니다. 칭찬은 구체적으로 해줘야 아이가 이 기분 좋은 순간을 재현하려면 어떻게 해야 하는지 알 수 있습니다. "잘했어", "멋지네" 같이 일반적인 말을 하면 어떤 부분이 격려받을 만했는지 알기 어려울 수 있으므로 아이가 한 노력 중에서 구체적인 내용에 초점을 맞춰 칭찬해주세요.

- **정서적 연결**(170쪽): 아이와 형성한 애착은 아이가 보상에 반응하는 방식에 영향을 미칠 수 있습니다(애착은 정서적 교감 시간을 통해 강화할 수 있습니다). 물질적 보상이 됐든, 칭찬 같은 언어적 보상이 됐든 간에 아이는 애착을 형성한 사람이 주는 보상을 훨씬 더 의미 있게 느낄 것입니다.

8장

키우고 싶은 것에
물을 줘라

씨앗을 심으면 물을 주고 햇빛을 보여주며 꽃을 피울 때까지 계속 보살핍니다. 처음 물을 주기 시작할 때는 아무 일도 일어나지 않는 것처럼 보여도 답답해하거나 불편해하지 않고 매일 꾸준히 돌봅니다. 흙 속에서 무슨 일인가 일어나고 있으며 꾸준히 보살피다 보면 씨앗이 자랄 거라고 확신하고 의심하지 않기 때문입니다. 이런 마음가짐을 갖기 쉬운 이유는 씨앗에 물을 줄 때는 자라나는 기미가 겉으로 보이지 않아도 마음이 전혀 괴롭지 않기 때문입니다. 내가 가치 없다거나, 씨앗에게 도움이 못 되는 것 같다거나, 씨앗이 아직 꽃을 피우지 않아서 남들이 손가락질한다고 생각하지 않습니다. 씨앗이 꽃을 피울 준비가 될 때까지 꼬박꼬박 물을 주겠다는 차분하고 부드러운 의지가 있습니다. 씨앗이 무엇이 될지에 차분하고 부드럽게 집중하며 무언가 긍정적인 일이 일어나기를 기대하고 있습니다. 아이를 돌볼 때도 마찬가지여야 합니다. 키우고 싶은 것에만 물을 주고 차분하고 부드러운 의지로 아이의 긍정적인 면에 초점을 맞춘다면 결국에는 긍정적인 면이 주로 눈에 들어오게 될 것입니다. 아이의 행동을 생각하거나 아이에 관해 말할 때 긍정적인 면이 지배적 인식이 될 것이며, 나의 초점이 바뀌었기 때문에 아이가 내게 거울처럼 도로 보여주는 모습도 대개 긍정적일 것입니다.

이번 장에서는 행동 지원에서 초점의 힘이 얼마나 센지, 생각이 어떻게 현실을 만드는지 더 깊이 파고들어 보겠습니다. 아이는 주변 사람들이 알고 있고 기대하는 모습대로 행동할 것입니다. 키우고 싶은 면에 물을 주면 아이는 자신과 행동을 분리해 생각하며 자신이 어떤 '사람'인지가 문제가 되거나 화나게 하는 것이 아니라 바람직하지 않은 것은 자신의 행동이라는 것을 이해할 수 있습니다. 이렇게 자신과 행동을 분리할 수 있게 도와주면 아이는 자신이 환영받고 인정받는 존재라는 사실을 깨닫고 부드러운 지도와 지원을 받으며 행동을 수정할 힘을 얻을 것입니다. 장 후반부에는 성장에서 가장 중요한 요소인 정서적 교감을 시작하거나 강화하는 데 도움이 될 몇 가지 연습 문제를 실었습니다.

보고 싶은 것에 초점을 맞춰라

차를 타고 어딘가에 가려고 서둘렀던 때를 떠올려보세요. 갑자기 신호등마다 빨간불이 켜지는 것 같아서 '늘 이런 식이지, 급할 때는 꼭 늦을 일만 생기더라! 우연도 이런 우연이 없어', '운도 참 없네'라고 속으로 생각하지는 않으셨나요? 사실 이것은 우연이 아니라 관점과 의식적 자각의 문제입니다. 의식적으로든 잠재의식적으로든 무의식적으로든 내가 생각하는 것은 나의 현실에 나타납니다. 내가 찾는 것만 눈에 보이는 것입니다. 일진이 나쁜 날에 풀리는 일이 하나도 없는 것처럼 '보이는' 것은 그 관점에서는 '안 풀리는' 일만 두드러져 보이기 때문입니다. 반면 일이 잘 풀리는 날에는 예전 같으면 거슬렸을 일에도 별로 영향을 받지 않습니다. 아이의 행동도 마찬가지입니다. 예를 들어 아이와 외출하는 날 아이가 참을 수 없는 행동을 할 것 같다고 예상하면 하루 종일 온갖 '참을 수 없는' 행동이 눈에 띌 것이며 '이럴 줄 알았어. 오늘은 딱 내가 예상한 대로네!'라고 생각하게 될 가능성이 높습니다. 하지만 평소에 마음가짐을 돌보고 있었다면 아이의 행동을 인식하는 방식도 생각하고 느끼고 반응하는 방식도 매우 달랐을 것입니다. 예전 같으면 참을 수 없다고 느꼈을 행동을 나와 아이 모두 다르게 인식할 것입니다. 이번 장을 시작하며 들었던 비유처럼 의도적으로 아이에게서 보고 싶은 면에 초점을 맞추고 키우고 싶은 면에 물을 준다면 그 면이 나와 아이에게 두드러져 보일 것입니다. 아이가 시간이 지나면서 점차 기대를 충족하는 행동을 하게 되리라는 믿음을 가지세요.

늘 그렇듯 시작점은 나입니다. 예를 들어 아이에게 요청할 일이 있거나 아이가 해야 하는 일이 있다면 잘 해낼 거라 믿는다고 확신을 담아 말해주고 아이가 기대를 충족하기도 전에 고맙다고 이야기해주세요. 다만 아이가 감당할 수 있고 성취할 수 있는 작은 일이어야 하며, 아이가 조금씩 발전하는 모습을 알아봐줘야 합니다(기억하세요, 완벽이란 것은 없습니다). 이를테면 이런 식으로 말해줄 수 있겠지요.

"네가 늘 최선을 다하고 있다고 믿어."

"노력하고 있다는 게 눈에 보이더라."

"바닥에 있던 옷을 주워줘서 고맙다."

"교실에 들어와서 바로 자리에 앉아줘서 고마워."

그동안 아이와 쌓아온 정서적 연결감을 바탕으로 정서적으로 균형 잡힌 상태에서 이런 말을 했을 때 이 전략이 얼마나 큰 효과를 거두는지 보면 놀라실 것입니다. 이렇게 만들어진 긍정적인 분위기는 대개 지속되지만, 그렇지 않다면 아이가 다음에 바람직하지 않은 행동을 했을 때 "그렇게 잘하더니 망쳐버렸네", "정말 마음에 들었는데 실망이야" 같은 말로 반응하지 않는 것이 중요합니다. 발전은 점진적으로 이뤄지며, 다음에 어떤 일이 일어나든 관계없이 아이는 잘하고 있고 망가진 것은 아무것도 없습니다. 사실 아이가 조금이라도 발전했다면 두말없이 인정하고 칭찬해줘야 합니다(안녕감을 유지하고 있다면 더 쉽게 할 수 있을 것입니다).

+ 사례 연구 +

최근 제 열아홉 살 아들에게 화장실 벽 페인트칠을 부탁했습니다(이 정도 수준의 집수리는 일상적인 집안일이 아니기는 하지만, 저는 가족 구성원 모두 집안일에 참여하는 것이 중요하다고 생각합니다). 어느 날 불쑥 말을 꺼내는 대신 미리 부탁하고 몇 번 귀띔도 해주었습니다. 사전에 선택의 언어를 활용해서 "페인트칠을 수요일에 할래, 토요일에 할래?"라고 물으며 아이에게 안전한 통제권(하지만 결국 제게는 모두 만족스러운 두 가지 선택지)을 주었습니다. 아이는 토요일(가장 먼 날!)을 골랐는데, 막상 토요일이 되니 "이걸 지금 꼭 해야 해요? 내일 하면 안 돼요?"라고 묻더군요. 저는 날마다 안녕감을 돌보는 연습을 하며 (더 좋은 날도 있고 더 나쁜 날도 있지만) 보통은 감정이 30퍼센트가량 찬 상태를 유지하고 있습니다. 그래서 아이가 툴툴대며 페인트칠은 다른 날에 해도 되겠냐고 물었을 때 반응하고 대응하고 생각할 여유가 70퍼센트 있는 상태에서 헬리콥터 관점을 취할 수 있었습니다. '열아홉 살짜리 애가 토요일에 화장실 벽을 칠하기보다 친구들과 나가서 놀고 싶어 하는 건 너무 당연해! 나도 애 나이 때는 똑같은 마음이었을 거야. 애가 나한테 무례하게 구는 게 아니야'라고 생각했습니다. 저는 봐주고 들어주고 있으며 안전하다는 느낌을 아이에게 주고 싶어서 이런 대답으로 아이의 감정을 인정해주되 한계와 기대를 다시 분명히 했습니다. "네 말투로 봐서 오늘은 페인트칠을 별로 하고 싶지 않은 것 같네. 친구들이랑 나가서 놀고 싶은 마음이 더 큰 건 이해해. 네가 수요일 대신 오늘 페인트칠을 하겠다고 선택했으니, 지금 시작하면 일을 끝내고도 친구들을 만날 수 있어. 지금 시작해서 다 끝내놓고 친구들을 보러 갈래, 아니면 나중에 하고 다른 날에 친구들을 볼래? 하기로 한 일을 해줘서 고맙다."

제 아들이 어느 쪽을 골랐을지 짐작하시겠지요! 아이는 화장실 벽을 칠했지만, 자신에게 어느 정도 통제권이 있다는 느낌을 여전히 받을 수 있었습니다. 저와 아이 모두에게 유익한 상황이었습니다. 제가 감정이 더 차 있었다면 아이의 행동을 다르게 인식하고 다르게 대응했을 가능성이 훨씬 높을 것입니다. 제가 이것을 아는 이유는 실제로 그런 적이 있기 때문입니다! 그때 같으면 아마 '선택권을 줬더니 선택지를 또 달라고 하네! 얘는 왜 이 일 하나를 못 해주는 거야? 이 접근법 자체가 효과가 없네'라고 생각했겠지요. 봐주고 들어주고 있으며 안전하다는 느낌을 아이에게 줄 생각은 하지도 못했을 것이며, 제가 온종일 생각하고, 느끼고, 따라서 보고 대응했을 것은 좌절감의 연속이었을 것입니다.

알아차리셨겠지만 저는 아이가 일을 시작하기도 전에 고맙다고 이야기해주었고 아이의 투덜대는 말투에 말려들거나 주의를 빼앗기지 않았습니다. 제가 키우고 싶은 것, 즉 기꺼이 도움을 주려고 하는 아이의 친절한 특성에 물을 주는 일에 계속 집중했습니다. 십 대 아이가 짜증을 낸다고 해서 좋은 사람이 아닌 것은 아닙니다. 그 순간 짜증이 난 것이지 짜증을 잘 내는 사람인 것은 아니지요. 만약 내가 연인 또는 배우자와 다투고 있을 때나 피곤하고 지친 날에 동료들이 내 모습을 보고 무례하거나 오만한 사람이라는 꼬리표를 붙인다면 어떨까요? '난 그런 사람이 아니야, 난 좋은 사람이라고. 잠깐 바람직하지 않은 방식으로 행동했을 뿐이야'라는 생각이 들 것입니다. 아이를 '고집 세다', '못됐다' 같은 말로 단정 짓기는 매우 쉽지만, 그러면 아이는 우리가 그런 모습을 기대한다고 생각하고 기대에 부응할 것입니다. 그러면 또 우리는 '고집 센' 행동이나 '못된' 행동을 보며 아이에게 그런 꼬리표를 붙인 것이 정당하다고 느낄 것이므로 생각-감정-행동의 순환이 계속 반복될 것입니다. 탓할 것도 부끄러워할 것도 없습니다. 저는 한동안 제 아들을 두고 게으른 데다가 머리가 몸에 붙어 있지 않으면 머리가 있다는 것도 잊어버릴 아이라고 농담하곤 했답니다! 하지만 말의 힘을 깨닫고 나서는 제 언어를 바꿨고, 제 인식도 완전히 바뀌었습니다. 제가 아들에게서 보기 시작한 모습도 바뀌었지요. 말의 힘을 활용해서 키우고 싶은 것에 물을 주

　　　　　　　　　　　　8장 키우고 싶은 것에 물을 줘라

며 아이에게서 보고 싶은 특성들을 아이가 키우고 기를 수 있게 지원하세요.

의식적 노력을 잠재의식으로 만들기

앞 장들에서 살펴봤듯 우리는 의식적이거나 적극적인 사고 과정 없이 결정을 내릴 수 있는 정신 영역인 잠재의식에 따라 대부분 시간을 움직입니다. 새로운 행동 지원 전략을 처음 실행하려고 하면 이런 기본 설정에 반하는 행동을 의도적으로 해야 할 가능성이 높습니다. 이를테면 어린아이나 십 대 아이가 성질을 부릴 때 이런저런 이유에서 잠재의식적으로 드는 기분을 무시한 채 이를 악물고 웃어 보이려고 하는 것처럼 말이지요. 그러다 보면 "될 때까지 그런 척하라fake it till you make it"라는 오래된 상투적 문구에 기대고 있는 듯한 느낌이 들 수도 있습니다. 겉으로는 아이가 왜 이런 행동을 하는지 이해할지 몰라도 감정이 격앙된 순간에는 이론이 무색하게 냉정을 잃을 수도 있지요. 눈앞에 보이는 행동에 이렇게 반응하고 나면 실망스럽거나 허탈할 수 있습니다.

3장에서 살펴봤듯 바람직하지 않은 행동으로 바람직하지 않은 행동을 지원할 수는 없으며, 내가 불행하고 균형이 깨진 상태로(탓할 것도 부끄러워할 것도 없습니다) 아이가 행복과 균형을 찾게 도와줄 수는 없습니다. 그래서 제가 평생에 걸친 장기적인 긍정적 행동 지원을 위해서는 마음가짐이라는 토대가 먼저 마련되어 있어야 한다고 강력히 주장하는 것입니다. '될 때까지 그런 척하라' 식의 접근법은 효과가 없을 것입니다. 아이들은 우리가 하는 말보다 우리에게서 느껴지는 감정과 기운을 더 잘 알아채며, 아주 어린 나이에도 모순되는 것처럼 보이는 것을 구별해낼 수 있기 때문입니다.

그렇다면 의식적 습관을 어떻게 잠재의식에 새길 수 있을까요? 시간을 들여 연습하고, 키우고 싶은 것에 물을 주면 됩니다. 이 책에 나온 모든 지침은 독립된 것이 아니라 서로 연결되어 있습니다. 키우고 싶은 것에 효과적으로 물을 주려면 나의 안녕감과 아이와의 정서적 연결을 동시에 유지해야 합니다. 나와 아이 모두 새로운 마음가짐을 가져야 하며, 행동은 전진과 후퇴를 반복하며 발전하므로 상황이 계속 나아지리라는 희망을 잃지 않고 집중을 유지하려면 처음의 마음 상태가 무엇보다 중요합니다(점진적 발전을 인정하면 큰 도움이 된다는 점을 기억하세요).

때로는 참지 못하고 욱해도 괜찮습니다. 그렇다고 해서 당신이 못된 부모나 나쁜 교사인 것도 '제대로' 못하고 있는 것도 아닙니다. 당신은 현재 위치에서 최선을 다하고 있는 한 인간일 뿐입니다. 게다가 계속 발전하기 위해 이미 가지고 있는 지식을 넓히는 데 시간을 쓰고 있지요. 우리가 마음가짐을 유지하는 연습을 해야 하는 것은 아이를 지원하거나 무언가를 다르게 해보겠다는 표면에 드러난 의지에도 불구하고 잠재의식에 영향을 많이 받을 수 있기 때문입니다. 키우고 싶은 것에 물을 주면 예전과 다른 생각을 의도적으로 하도록 정신을 이끌 수 있습니다. 그래서 제가 화장실 벽을 칠해달라는 말에 아이가 툴툴댔을 때 더 바람직하지 않은 행동으로 이어졌을 과거의 부정적인 잠재의식적 사고 패턴으로 돌아가는 대신 아이의 짜증스러운 태도를 무시할 수 있었던 것입니다. 긍정적인 일이 일어나기도 전에 긍정적인 면에 집중하는 연습을 의식적으로 한 덕분이었습니다.

노력한다면 분명 성과가 있을 것입니다. 인식을 재구성하는 연습과 마찬가지로 의식적 연습은 결국 잠재의식적 습관이 '될 것'이며, 아이를 지원할 때 보이는 반응도 자연히 몸에 밸 것이니까요.

+ 연습하기 +

샤워하는 동안 물이 피부에 닿는 느낌에 온전히 집중해보세요. 쉬운 일처럼 들리시나요? 하지만 막상 해보면 굉장히 어려울 수 있습니다. 정신이 잠재의식 속 생각들을 자꾸만 '제멋대로' 떠돌아다니기 때문이지요. 잠재의식이 (어른과 아이 모두에게) 미치는 영향은 매우 강하므로 생각-감정-행동의 순환을 바꾸려면 시간과 연습이 필요합니다. 하지만 충분히 가능한 일이며, 연습할수록 매우 큰 힘과 효과를 얻을 수 있습니다.

희망적인 피드백을 연습하라

이번 장의 서두에서 씨앗의 비유를 들어 말했듯 아이의 행동이 당장 달라지는 모습이 보이지 않을 때도 아이는 꾸준한 보살핌이 필요합니다. 속에서는 늘 무언가 '실제로' 일어나고 있고, 변화는 서서히 일어납니다. 씨앗은 하룻밤 만에 만개한 꽃을 피워내지 않지만, 씨앗이 꽃이 될 때까지 기다려야만 자부심과 성취감을 느낄 수 있는 것은 아닙니다. 싹을 틔울 때마다, 조금씩 성장할 때마다 부드럽고 꾸준하게 인정하고 칭찬한다면 꽃은 무럭무럭 자라날 것입니다. 돌보는 일을 멈추면 꽃은 분명 시들 것이고 성장에도 영향이 있을 것입니다. 내가 아이에게 기쁨과 행복을 얼마나 자주 '직접' 표현하는지 잠시 떠올려 보시기를 바랍니다. 안녕감을 돌보는 전략을 이미 실행하기 시작했다면 그렇지 않은 경우보다 더 쉽게 떠올릴 수 있을 것입니다(탓하거나 부끄러워할 것은 없다는 점을 기억하세요).

+ 사례 연구 +

제 친구 대니엘은 최근에 십 대 아들 딘에게 엄마는 늘 잔소리만 하고 불평만 늘어놓는다는 말을 들었다고 했습니다. 대니엘은 아들이 건방지게 이런 말을 했다는 것에 속상하고 짜증이 난 상태였습니다. "내가 자기한테 얼마나 잘해주는데. 운이 좋은지도 모르고 그런 말로 속을

굵더라니까."

　저는 감정을 떠나 생각하기가 어렵다는 것을 알고 있었고, 당시 대니엘은 속상하고 짜증이 나 있었기 때문에 우선은 대니엘의 감정을 인정해주었습니다(아시다시피 감정을 인정해주는 것은 동의하는 것과 다릅니다). 저는 (아이들에게 하듯) 대니엘이 마음을 가라앉히고 기분이 나아질 때까지 기다렸다가 관점에 관한 이야기를 꺼냈습니다. 네가 딘을 얼마나 사랑하는지는 나도 알고 딘도 알지만, 딘의 관점에서는 지난 몇 년 동안 엄마에게 주로 받는 피드백이 (십 대라면 누구나 할 법한 행동에 대한!) 불만과 짜증이라고 느꼈을 수 있다고 말이지요. 대니엘은 바로 이렇게 반박했습니다. "나는 걔한테 항상 긍정적인 말을 해주는걸!" 하지만 자신을 탓하거나 부끄러워하는 마음을 내려놓고 더 곰곰이 생각해본 뒤 대니엘은 '항상'이 사실은 몇 달에 몇 번에 불과하다는 것을 깨달았습니다. 평소에 딘과 나누는 대화를 잘 생각해보니 "딘, 엄마가 하라고 한 걸 또 안 해놨네" 같은 말이 대부분이었습니다. 한 발짝 떨어져서 보니 아들의 말에 일리가 있다는 생각이 들었습니다.

　분명히 말씀드리지만, 아이에게 하거나 하지 말아야 할 것을 일러주는 것 자체는 전혀 문제되지 않습니다. 다만 감정 저울(53쪽)을 고려한다면 정서적 연결에 그 이상의 무게를 두어야 합니다. 내가 초점을 맞추는 대상이 늘 두드러져 보일 것이니 말입니다. 그래서 제가 인식을 강조하는 것입니다. 내가 찾는 것이 '으레' 눈에 들어오기 마련이니까요. 아이들이 "맨날 나한테만 뭐라 그래", "나는 혼나기만 해" 같은 말이나 생각을 자주 하는 것도 이런 이유에서입니다. 그러면 또 어른들은 "그거야 네가 항상 야단맞을 짓을 하니까 그렇지!" 같은 말이나 생각으로 반응하겠지요. 악순환은 이렇게 반복됩니다. 이 순환을 끊으려면 인식이 바뀔 수 있도록 먼저 마음가짐을 바꿔야 합니다. 아이가 바람직하지 않은 행동을 여전히 보이더라도 내가 그 행동을 어떻게 이해하는지에 따라 인식이 바뀌고 감정이 바뀌며 반응과 대응이 달라집니다. 행동을 당장 그만두게 할 수는 없지만, 꾸준히 보살핀다면 점차 줄일 수 있고 다시 하지 않도록 주의를 기울일 수 있습니다.

연결감을 연습하라

아이를 돌보는 일은 신경 쓸 일이 많다 보니 정신없이 바쁜 일상 속에서 아이와의 연결감이 얼마나 중요한지 잊어버리기 쉽습니다. 연결감을 쌓는 방법은 많습니다. 부모님이라면 아이에게 애정을 표현하거나, 아이와 함께 보내는 시간을 좋아한다는 것을 보여주거나, 떨어져 있는 동안 아이를 생각하고 있었다는 것을 알게 해줄 수 있겠지요. 나의 안녕감을 얼마나 우선시하고 있는지, 즉 자기돌봄에 이제

막 더 집중하기 시작했는지 아니면 이미 익숙해졌는지에 따라 뒤에 나오는 전략을 일부 또는 전부 실행해보며 연습을 강화하고 키우고 싶은 것에 물을 줄 수 있습니다. 저는 이 책이 몇 번이고 다시 펼쳐볼 수 있는 책이 되었으면 합니다. 처음 읽을 때는 첫 번째 연습만 해볼 수도 있지만, 다음번에는 다른 연습을 더 시도해볼 준비가 됐다고 느낄지도 모릅니다. 나에게 적합하다고 생각되는 것만 골라 시간을 두고 연습해보시기를 바랍니다.

먼저 안녕감을 높이는 전략(153쪽)을 아직 적극적으로 실천하고 있지 않은 분들도 누구나 해볼 수 있는 연습을 소개합니다.

아이의 연령대에 맞게 '사랑한다, 오늘 하루 즐겁게 보내렴' 같은 말을 적은 그림이나 쪽지를 남겨두세요. '이따 집에서 보자' 같은 말로 쪽지를 마무리해서 정서적 연결감을 강화하세요. 이것은 아이가 얼마나 소중하고 사랑받는 존재인지 **직접** 소통하는 간단하고 효과적인 방법입니다. 선생님이라면 아이의 노력을 대견하게 생각하고 있으며 앞으로도 수업에 기여하거나 계속 노력해주기를 기대한다는 내용으로 아이 자리에 포스트잇을 붙여두거나 아이 책에 메모를 남겨둘 수 있습니다.

그날 다시 아이를 보면 "오늘 학교는 어땠어?", "오늘 뭐 했어?"라고 묻는 대신 "보니까 정말 좋다", "네가 집에 오니까 좋네"라고 말해주세요.

이것은 아이에게 정서적 연결감을 직접 소통하는 간단하고 효과적인 한 가지 방법입니다.

예전에 저는 아이들에게 "오늘 하루 어땠어?" 같은 간단한 질문을 했다가 원하는 대답을 듣지 못하면 답답한 마음이 들곤 했습니다. 기껏해야 웅얼거리는 말이나 단답형 대답이 돌아올 때가 많았으니까요! 많은 부모님이 그렇듯 이런 반응이 거슬렸던 저는 대개 다른 대답을 요구하거나 맥 빠진 대답을 들으니 슬프다고 말하며 두려움을 통해 통제권을 행사하려고 했습니다(탓할 일도 부끄러워할 일도 아닙니다). 결국 저는 아이에게 안전한 통제권과 정서적 연결감을 주어야 한다는 사실을 깨달았지요. 이제는 이런 상황에서 성의 있는 대답을 듣지 못하더라도 아이가 제가 소통한 정서적 연결감을 느꼈다는 것을 압니다. 특정한 반응을 보여야 한다는 부담을 주지 않고 아이를 보살핀다면 아이가 겉으로 어떤 반응을 보이든 간에 속에서는 마치 물을 준 씨앗처럼 무언가 일어나고 있을 것이니 안심하셔도 좋습니다.

이번 연습은 안녕감과 마음가짐을 오랫동안 돌봐온 분들에게 추천합니다.

이 연습은 자녀를 키우고 있는지, 학교나 조직에서 아이를 지원하고 있는지에 따라 변형해서 시도해볼 수 있습니다. 다만 평소에 늘 5단계

8장 키우고 싶은 것에 물을 줘라

(95쪽)를 연습하고, 5C(71쪽)를 실천하고, 점진적 발전을 알아보고 기뻐하며 안녕감을 유지하고 있었어야 합니다. 대본을 읽는 것 같거나 억지로 말하는 느낌이 들면 아이가 알아차릴 것이며, 이 전략들이 통하려면 균형 잡힌 마음가짐이라는 토대가 무엇보다 탄탄해야 하기 때문입니다. 처음에는 조금 부자연스럽게 느껴질지도 모르지만, 당연히 그럴 수 있으니 괜찮습니다. 꾸준히만 연습하세요. 그래피티 아티스트 뱅크시가 말했듯 잘 안될 때는 "그만두는 법이 아니라 쉬는 법을 배워야Learn to rest, not to quit" 합니다. 아이가 대체로 기분이 좋고 연결감을 받아들일 수 있는 더 차분한 순간에 아래 내용을 시도해보세요.

• 아이가 집을 나서기 전 외투를 입고 있을 때 아이의 어떤 점이 좋은지 이야기해주세요.
• 아이가 교실에 들어와 책상에 앉을 때 인사를 해주거나, 수업 시간에 노력하는 모습을 보일 때 정서적 연결감의 요소를 넣어 짧고 분명한 문장으로 인정해주세요. 이를테면 "과제를 시작하려고 정말 노력한 게 보이는구나. 네가 어떻게 하고 있는지 확인하러 다시 올게"라고 말해줄 수 있습니다.

아이에게 이런 말을 해줄 기회를 찾아보세요(나의 역할과 아이와 맺고 있는 관계에 맞게 적절히 활용하세요).

• 네 의견은 내게 중요하단다. 나와 의견이 달라도 괜찮아.
• 네 감정은 중요해.
• 넌 참 멋진 아이야.
• 사랑한다.

긍정적인 면을 칭찬하라

최근에 아이나 아이의 행동에 관해 대화를 나눈 적이 있다면 어떤 내용이었고 상대방은 누구였나요? 아이에 대한 불평(여러 불평 중에서도!)을 늘어놓는 순환에 갇히는 것은 정말 흔한 일이며, 이것은 때로 우리에게 해가 될 수 있습니다. 앞으로 아이에 관해 이야기할 때는 긍정적으로 말할 만한 내용을 찾거나 아예 주제를 바꾸며 방향을 새롭게 전환해보세요. 아이나 아이의 행동에 대해 불평하는 잠재의식적 태도로 다시 돌아가기란 매우 쉽지만, 긍정적인 면에 초점을 맞춘다면 이것이 결국 의식에서 우선순위를 차지하게 될 것입니다. 처음에는 더 어려울 수 있으나 그래도 괜찮으니 계속 연습하세요!

앞에서 살펴봤듯 우리가 선택하는 말은 우리의 경험과 관점에 매우 큰 영향을 미칩니다. 자신과 타인에게 긍정적인 말을 하면 이것이 잠재의식에 각인되기 시작합니다. 사소한 것이라도 좋으니 내가 생각하는 아이의 긍정적인 면을 찾아 말해보세요(처음에 잘 떠오르지 않는다면 아이가 잘하는 것에 집중해보세요). 아이들은 우리가 서로, 또 자기에게 하는 말을 들으며 당신과 자신의 관계를 이해하고, 우리의 생각-감정-행동의 순환에 영향을 받습니다. 자신이나 타인에게 거짓말을 하라는 것은 아니며, 바람직하지 않은 행동에 대해 주변 사람들에게 털어놓는 것도 물론 괜찮습니다(마음의 짐을 덜 기회는 꼭 필요합니다!).

대신 아이가 조금씩 발전하고 있는 부분을 찾아 대화를 나눌 때마다 같이 이야기해보세요.

긍정적인 면을 찾기 어렵다면 초점을 맞출 만한 다른 긍정적인 대상을 찾고, 아이를 솔직하게 대하되 배려하는 것을 잊지 마세요. 좋지 않은 기분을 아이나 다른 사람에게 투사했다면 남을 탓하는 대신 책임을 인정하고 진심으로 사과하세요. 이는 아이에게 사랑과 존중을 받을 자격이 있다는 것을 보여주고 완벽이 아닌 발전을 기준으로 받아들이게 할 수 있으므로, 긍정적 태도를 최대한 유지하는 것만큼이나 효과를 거둘 수 있습니다.

이 연습은 안녕감과 마음가짐을 꾸준히 돌봐왔고 점진적 발전을 쉽게 알아볼 수 있는 경우에만 시도하시기를 바랍니다.

일주일 동안 아이가 이미 내가 바라는 대로 행동하고 있는 것처럼 아이를 대해보세요. 이 전략은 아이에게서 보고 싶은 모습을 내가 직접 보여줄 때 영향력이 가장 큽니다. 예를 들어 아이가 답답할 때 목소리를 높이지 않기를 바란다면 나 역시 그렇게 해야 하는 것입니다. 이 전략을 완전히 익히고 나면 아이가 바람직한 행동을 하지 않았어도 마치 그런 것처럼 반응하고 있는 자신을 발견하게 될 것입니다. 이 전략은 예방적 전략이니, 연습한다면 바람직하지 않은 행동이 같은 방식으로 다시 나타날 위험을 줄일 수 있을 것입니다. '봐주고 들어주고 있으며 안전하다는 느낌'을 주는 전략(134쪽)으로 그 순간에 나타나는 행동에 대처하고, 내가 찾고 있고 또 보게 될 것은 하룻밤 사이의 변화가 아니라 점진적 발전의 단계라는 점을 기억하세요.

이것은 앞서 말씀드린 페인트칠 사례도 마찬가지입니다. 처음에 아이가 페인트칠을 하기 싫다고 불평했을 때 저는 아이가 맡은 일을 할 것이고 또 잘 해내리라고 기대하며 대응했습니다. 이 대응은 아이의 행동에 긍정적인 영향을 미쳤습니다. 아이는 저의 차분한 대응을 거울처럼 따라 했고 일을 시작했으며, 그 과정에서 행동에 관한 귀중한 교훈은 물론 보람까지 얻을 수 있었습니다.

마치 식물이 화분 크기만큼만 자라나듯 아이는 당신의 기대만큼만 성장합니다. 따라서 키우고 싶은 것에 물을 주고 긍정적인 면에 초점을 맞추며 아이를 보살핀다면 기대하는 모습을 볼 수 있게 될 것입니다.

- 의식적으로든 잠재의식적으로든 무의식적으로든 내가 생각하는 것은 나의 현실에 나타납니다.

- 아이들은 우리가 하는 말보다 우리가 느끼는 감정을 더 잘 알아챕니다.

- 행동은 전진과 후퇴를 반복하며 발전하므로 새로운 마음가짐을 가지려면 시간과 연습이 필요합니다.

- 아이의 행동이 당장 달라지는 모습이 보이지 않을 때도 아이는 꾸준한 보살핌이 필요합니다.

- 내가 초점을 맞추는 대상이 늘 두드러져 보일 것입니다.

- 우리가 선택하는 말은 우리의 경험과 관점에 매우 큰 영향을 미칩니다.

아이를 옹호하기

저희 엄마는 오래전 위탁 양육하던 아들이 중학교에 입학했을 때 학교의 호출을 받고 면담에 참석한 적이 있습니다. 동생에게는 진단받은 장애가 있었는데, 당시 면담을 주관한 특수 교육 담당자는 동생의 행동이 심각하게 우려된다는 말로 운을 띄웠습니다. 동생이 큰 키로 (나이에 비해 키가 컸습니다) 선생님들을 겁주는 데다가 학교생활을 잘할 수 있을지 모르겠다는 것이었습니다. 결과적으로 동생은 퇴학당할 위기에 처해 있었습니다. 작은 체구의 엄마는 부장급 교사들과 관리자들이 둘러앉은 커다란 테이블에서 이렇게 대답했습니다. "전 덩치가 작은 여자이고 아이를 혼자 키우는데도 아이에게 겁먹지 않아요. 저 혼자서도 이 아이를 충분히 지원할 수 있다면 이 많은 선생님이 못하실 일은 아니라고 봅니다. 우리 아이는 학교를 그만두지 않을 겁니다. 학교에 적응하려고 '아이'가 바뀔 필요는 없어요. '선생님들'께서 아이의 요구를 충족할 수 있게 적응하셔야지요."

돌이켜보면 저는 이때 행동 지원에 관한 놀라운 교훈을 일찍이 얻었던 듯합니다. 이후로 저는 엄마가 정확히 무엇을 '하고' 있길래 아이들을 그렇게 잘 돌볼 수 있는지 의식적으로 인식하기 시작했습니다. 동생은 퇴학당하지 않았고 중학교 생활을 실제로 잘 해냈습니다. 이것은 전적으로 동생 주변의 중요한 어른들key adults 덕분이었습니다.

내가 지원하는 아이가 오해받고 있다거나 사람들이 아이의 요구를 제대로 충족해주지 못한다고 느껴질 때가 있을 수 있습니다. 심지어 목소리를 냈는데 아무도 들어주지 않는 것 같아 혼자가 된 느낌이 들고 상황이 나아지기는커녕 나빠진 것 같다는 스트레스까지 받을 때가 있었을지도 모르지요. 당신은 혼자가 아닙니다. 어디서 찾아야 할지만 알면 연락해볼 수 있는 훌륭한 전문가와 기관, 지지 집단이 정말 많습니다.

아이들에게는 한 사람이나 한 기관의 지원으로 충족할 수 없는 다양한 요구가 있는 경우가 많습니다. 부드러운 지도법은 '모든' 아이를 지원하지만, 아이가 감각 장애나 ADHD, 자폐 등을 진단받았다면 다양한 요구를 충족하는 여러 전문 기관의 지원이 추가로 필요할 것입니다.

- **장애 진단받기**: 영국의 장애 진단 의뢰 절차는 답답할 정도로 오래 걸리다 보니 '전문가를 만나려고 1년 넘게 기다리는 게 무슨 소용이지?'라는 생각에 빠지기 쉽습니다. 하지만 아이의 평생이 달라질 수 있으니 큰 그림을 보셔야 합니다. 아이에게 추가적 지원이 필요한지 잘 모르겠다면 그냥 문의하세요. 전혀 모르고 있는 편보다 장애가 있을 가능성을 배제하는 편이 항상 더 낫습니다. 누구에게 먼저 조언을 구해야 할지 모르겠다면 아이가 다니는 학교와 상의하세요. 아이가 학교에 다니지 않는 경우 가정의에게 가면 방향을 제시해줄 수 있습니다. 아이에게 맞는 지원을 찾기 시작하는 일은 벅찰 수 있지만, 가능하다면 저학년일 때 빨리 시작하세요. 학교 관계자들이 내린 결정이 아이의 요구를 충족하기에 적절하지 않다고 생각되면 이의를 제기해볼 필요도 있습니다.

- **지지 집단**: 또래 집단이나 다른 형태의 집단이 주는 지지는 나와 아이에게 힘과 격려가 될 수 있습니다. 비슷한 상황을 겪고 있는 사람들과 공통된 경험을 나눈다면 더더욱 그럴 것입니다. 답답한 마음을 털어놓을 곳이 있으면 속

이 정말 후련해질 수 있습니다. 다만 불만을 토로하는 데 그치지 말고 앞으로 나아갈 방법을 계속 찾기 위해 지금 할 수 있는 일까지 함께 이야기 나누도록 하세요.

- 계획에 합의하기: 아이를 가장 잘 지원할 방법을 논의할 때 관련된 모든 어른 은 공동의 목표를 확인하고 거기서부터 논의를 시작해야 합니다. 목표를 달 성하기 위해 어떤 조치가 필요한지, 과정을 원활히 진행하려면 어떤 지원이 추가로 필요한지 하나의 집단으로서 합의를 도출하는 일에 집중하세요. 과 거에 비슷한 논의를 해봤는데 잘 풀리지 않았거나 원하던 해결책을 얻지 못 했다면 긍정적인 마음가짐으로 새로운 접근 방식을 다시 고려해보세요. 그 때의 경험이 당신이나 아이에게 트라우마가 됐거나 실망감을 남겼다면 잘 안됐던 부분에 계속 초점을 맞추기 더더욱 쉽겠지만(탓할 일도 부끄러워할 일도 아닙니다), 그래도 현재 상황과 과거 경험을 분리해서 생각하려고 해보세요. 과거에 있었던 일을 바로잡으려고 한다면 새로운 논의와 별개로 진행하고, 새로운 논의를 할 때는 앞으로 나아갈 길을 찾는 일에 긍정적인 기운을 집중 할 수 있게 하세요.

♦ ♦ ♦

이번 장에서는 오랫동안 특정한 방식으로 무언가를 해왔
다고 해도 그저 마음을 바꾸거나, 다른 선택을 하거나, 큰
그림을 보는 관점을 바꾸면 얼마나 큰 힘과 자유가 생기는
지 살펴볼 것입니다. 아이들은 성장하는 과정에서 필연적
으로 새로운 역경에 직면하지만, 역경을 헤쳐 나갈 수 있게
적절히 지원해준다면 정말 멋진 사람으로 성장할 수 있답
니다.

아이의 행동 지원을
강화하는 행동 전략들

9장

행동 지원에
'끝'이란 없다

저는 오랫동안 긴장성 두통과 어깨, 목 통증을 달고 살았습니다. 엄마로서 바쁘게 살다 보니 일상생활에 지장받지 않기 위해 통증을 줄여주는 약을 몇 년 동안 처방받아 복용했습니다. 비슷한 증상을 겪는 많은 사람에게 이런 약은 삶의 질을 엄청나게 높여주는 생명선과도 같습니다. 하지만 저는 약의 부작용 때문에 득보다 실이 큰 상황에 이르렀고, 제 욕구와 필요를 바탕으로 상황을 재평가했습니다. 저는 통증이 사라지기를 바랐지만 더 이상 약을 먹고 싶지는 않았습니다. 머리나 어깨, 목에 통증이 도질 때까지 기다렸다가 치료하는 대신 애초에 재발할 위험을 줄이고 싶었습니다. 장기적으로 통증을 완화하려면 나 자신에게 시간을 할애해 건강에 제대로 투자하는 것이 유일한 방법이라는 생각이 들었습니다. 어쩌면 제가 완전히 이해하지 못하는 마음과 몸의 상관관계 때문에 통증이 나타나고 있는지도 몰랐습니다.

저는 심리 치료를 받았고(살면서 정말 잘한 일 중 하나입니다) 지금껏 유지하고 있는 매일 안녕감을 높이는 전략(153쪽)을 실천하기 시작했습니다. 내 고통의 근본적인 원인을 알아냈고, 안에서부터 밖으로 치유되기 시작했습니다. 이제는 예전처럼 두통과 어깨, 목 통증에 시달리지 않을 뿐만 아니라 예상하지 못했던 다른 이점도 많이 생겼습니다. 인식에 이어 생각과 감정, 행동의 순환이 긍정적으로 바뀌었고 육아와 일, 인간관계도 모두 개선됐습니다. 거의 제 삶 전체가 완전히 달라졌지요.

부드러운 지도법을 실천한다면 당신이 돌보는 아이도 이런 변화를 이뤄낼 수 있습니다. 행동을 넘어 그런 행동을 '하게 된' 이유를 볼 수 있게 되면 그때부터 효과적인 지원이 시작되는 것입니다. 아이의 행동과 안녕감도 달라지겠지만, 나에게도 긍정적인 영향이 있을 것입니다.

자기 계발 분야에서 '여정'이라는 말이 남용된다는 것을 알면서도 저 역시 여기서 이 말을 꺼내는(죄송합니다) 이유는 행동 지원을 설명하기에 정말 적절한 단어이기 때문입니다. 여정이란 것이 그렇듯 좋을 때가 있으면 나쁠 때도 있고, 퇴보할 때가 있으면 도약할 때도 있습니다. 베개에 얼굴을 묻고 소리를 지르고 싶은 날이 있는가 하면 (해보세요. 속이 다 후련해진답니다!) 나와 아이가 발전한 모습에 뛸 듯이 기뻐하는 날도 있을 것입니다.

이 책에서 말하는 전략들이 효과가 없다고 느껴지는 때도 있을 것입니다. 그럴 때는 내면을 살피고 마음가짐을 돌보며 거기서부터 모든 것이 시작된다는 점을 기억하세요. 발전은 전진과 후퇴를 반복하는 과정이므로, 장담하건대 원점으로 돌아갈 일은 없을 것입니다. 우리가 평생에 걸쳐 계속 배우고 성장하는 것처럼 행동 지원에도 '끝'이란 없습니다.

이번 장에서는 오랫동안 특정한 방식으로 무언가를 해왔다고 해도 그저 마음을 바꾸거나, 다른 선택을 하거나, 큰 그림을 보는 관점을 바꾸면 얼마나 큰 힘과 자유가 생기는지 살펴볼 것입니다. 아이들은 성장하는 과정에서 필연적으로 새로운 역경에 직면하지만, 역경을 헤쳐 나갈 수 있게 적절히 지원해준다면 정말 멋진 사람으로 성장할 수 있습니다. 그러니 아이를 '위해' 또는 아이에게 '맞서' 노력하는 대신 아이와 함께 노력하며 역경을 딛고 일어나는 능력을 기를 수 있게 도와줍시다.

앞으로 나아가기

아이가 특정한 단계나 중요한 시점에 이르렀을 때 그냥 가만히 앉아서 '그래, 그럼 잘해 봐, 안녕!'이라고 생각할 사람은 없습니다. 다음 단계로 넘어가서 아이가 할 수 있는 최선을 다해 성장하고 발전하는 동안 다른 방면에서 아이를 지원할 것입니다. 이것 자체는 참 좋은 일이지만, 만족을 유예하거나 아직 오지 않은 중요한 시점에 매달리며 현재를 살지 못하는 경향이 있다는 것이 문제입니다. '아이가 밤에 안 깨고 잘 자면 기분이 나아질 거야', '아이가 어린이집에 적응하면 기분이 나아질 거야', '아이가 친구를 사귀면 기분이 나아질 거야', '아이가 시험 점수를 받으면/그 직장에 취직하면/제 짝을 만나면 기분이 나아질 거야' 같은 생각을 끝도 없이 한다는 것이지요! 물론 아이가 좋은 것만 누렸으면 하는 마음에 걱정이 드는 것은 자연스럽고 당연하지만, 중요한 시점에 이를 때마다 잠시 멈춰서서 그 순간을 만끽하는 것 역시 매우 중요합니다. 그래서 점진적 발전(302쪽)을 인정하는 것이 정말 강력한 전략이라고 하는 것입니다. 다음 중간 목표를 달성할 가능성이 높아진다는 장점도 있는 데다가, 불안과 스트레스를 잔뜩 짊어지고 있지 않을 테니 여정이 더 순조롭겠지요. 부모든 양육자든 교사든 활동지원사든 다른 중요한 역할을 맡고 있든 간에 지금 잠시 시간을 내어 내가 아이의 삶에서 얼마나 긍정적인 역할을

　　　　　Part3 아이의 행동 지원을 강화하는 행동 전략들

하고 있는지 곰곰이 생각해보세요. 아이에게 당신이 있어서 얼마나 다행인지요!

미래를 위해 초점을 바꿔라

내가 어떤 것에 주의를 기울이고 그 대상을 아이에게 어떻게 강조하는지는 아이의 마음속에서 우선순위를 차지하게 됩니다. 아이에게 걱정과 우려가 담긴 말을 계속 건네면 아이가 앞으로 나아가는 방식에 영향을 미칠 수 있습니다. 예를 들어 학교에서 영어나 수학을 잘 못하면 나중에 성공하기 어렵다는 말을 계속 들은 아이는 그 과목에 대한 부정적 감정이 커질 수 있으며, 이런 압박감은 성적에 영향을 줄 수 있습니다. 이렇게 한 부분에 집중하는 것은 정말 영향력이 크므로 반대로 뒤집어보면 어떨까요? 영어나 수학과 관련된 이런저런 긍정적 측면을 강조하고, 학습을 도와주는 재밌는 게임을 사고, 그 과목에 관해 긍정적으로 말하는 것입니다. 이것은 나와 아이 모두에게 의미 있고 지속적인 변화를 불러올 훨씬 더 유익한(그리고 덜 피곤한) 접근 방식입니다.

발전해야 할 부분에 집중할 필요도 여전히 있겠지만 아이에게 이미 있는 장점을 키워주는 일에 그 이상의 중점을 두고, 다음 중요한 목표를 향해 달리기 전에 시간을 내서 현재를 즐기시기를 바랍니다. 갈 길이 멀면 지금까지 얼마나 왔는지 '잊어버리기' 쉽지만, 해야 할 일은 언제나 많을 것이니까요. 할 것도, 배울 것도, 발전할 것도 말입니다.

+ 사례 연구 +

제가 파비오와 일곱 살 아들 토비와 상담을 처음 시작한 것은 파비오가 학교에서 자꾸 말썽을 일으키는 토비를 어떻게 지원하면 좋을지 조언을 듣고 싶어 했기 때문이었습니다. 선생님들은 토비가 교실에서도 운동장에서도 분위기를 해치며 반성하는 태도 또한 부족하다고 설명했습니다. 잘못을 인정하는 기색은 전혀 없고 자기가 공격적인 말을 하거나 때때로 공격적인 행동을 보이는 것을 다른 아이들의 탓으로 돌린다고 했습니다. 하지만 선생님들이 토비가 의지할 수 있는 중요한 어른과 날마다 정서적으로 교감할 수 있는 시간을 마련해서 감정을 인정해주고 기대와 한계를 일관되게 유지하며 감정 저울의 균형을 맞춰주기 시작하자 상황은 점차 나아지기 시작했습니다. 파비오는 토비가 학교에서 하는 행동이 훨씬 더 긍정적으로 바뀌었고 아이가 자기 행동에 훨씬 더 책임감을 느끼게 됐다고 전해주며 만족스러워했습니다. 그런데 어느 날 파비오가 새로운 문제가 생겼다며 제게 다시 연락해왔습니다. 토비가 집에서 말대꾸를 하기 시작했다는 것이었습니다.

　저는 파비오가 몇 가지 상황을 설명하는 것을 들으면서 이 '새로운'

행동이 파비오에게 큰 스트레스를 주고 있다는 것을 알 수 있었습니다. 저희가 가장 먼저 한 일은 관점을 다시 살펴보는 것이었습니다. 이제 여덟 살이 된 아이가 말대꾸를 시작하는 것은 당연히 그럴 수 있는 일일까요? 물론 그렇습니다! 아이가 주변 어른의 말에 이의를 제기하거나 동의하지 않거나 시킨 일을 하기 싫어하는 것은 지극히 일반적인 일이며, 파비오도 이 점을 인정했습니다. 그렇다면 진짜 '문제'는 아이의 말대꾸를 듣고 파비오가 느낀 기분이 아니었을까요? 아이의 말대꾸가 불편한 감정을 불러일으켰던 것은 아닐까요? 실마리를 함께 찾아가다 보니 바로 이것이 핵심이었습니다. 관점이 바뀌니 상황의 본질이 눈에 들어왔고, 이것이 토비의 행동 여정에서 또 하나의 단계이자 이정표라는 사실을 볼 수 있었습니다. 파비오에게는 선택권이 있었습니다. 파비오는 어느 쪽을 택하든 자신과 아이가 앞으로 나아가야 한다는 것을 알았습니다. 불안과 걱정, 스트레스에 시달리며 다음 단계로 넘어갈 수도 있었고, 아니면 지금까지 이룬 진전에 기뻐하고 이 점을 아이에게 강조해서 긍정적인 부분이 아직 발전해야 할 부분에 가려 '잊히거나' 축소되지 않게 할 수도 있었습니다. 아이의 말대꾸를 모르는 체하는 것이 아니라 아이에게 바라는 행동을 더 집중해 조명하는 것이었습니다. 파비오는 생각-감정-행동의 순환을 바꾸자마자 마음이 편해지기 시작했고, 이내 너무 성급하게 행동한 것 같다며 미안해했습니다. 저는 예전의 마음가짐이 어땠는지 깨닫고 기억하는 그 순간에 행동 지원이 이미 시작된 것이니 탓할 일도 부끄러워할 일도 아니라고 상기시켰습니다.

물론 지원이 필요한 영역은 또 있었고 앞으로도 더 있을 것이었습니다. 마치 토비가 학기마다 새로운 시험과 새로운 도전과 새로운 성취를 통해 지식을 쌓아가는 것처럼 말이지요. 저는 앞으로 나아간다는 목표가 항상 있더라도 때로는 두 사람이 얼마나 멀리 왔는지 되돌아보기도 하라고 상기시켰습니다. 두 사람은 모두 조금씩 발전하는 모습을 알아보고 기뻐하며 기분이 좋아졌고, 파비오는 기분이 좋아진 상태에서 아들을 계속 지원하고 지도하기 위해 헬리콥터 관점을 취할 수 있었습니다. 토비가 이런 깨달음 이후에 말대꾸를 바로 그만둔 것은 아니었지만, 파비오의 인식과 생각-감정-행동의 순환에 차례로 생긴 변화는 토비에게 긍정적인 영향을 미쳤습니다. 파비오가 토비의 말대꾸를 봐주고 들어주었으면 하는 욕구와 자기 관점을 공유하고 자기 의견이 타당하며 존중받는다고 느끼고 싶은 욕구를 소통하는 수단으로 이해하게 되자, 토비가 자신을 표현하는 방식도 점점 더 바람직하게 바뀌었습니다. 파비오는 토비와 함께 매일 개를 산책시키는 것이 서로에게 즐거운 일이었기에 둘의 정서적 교감 시간을 다시 평가해 도입했습니다. 저는 파비오에게 그동안 다소 소홀했던 마음 건강에 다시 집중하도록 권했고, 시간이 지나면서 두 사람의 관계에는 또 한 번의 진전이 있었습니다.

가장 효과적인 행동 지원은 시간이 지나면서 존재 방식이 됩니다. 잊지 않고 일상에 적용해 보려고 애써도 지키기가 쉽지만은 않은 엄격한 '규칙' 목록과 다릅니다. 아이를 돌보는 일이 스트레스가 될 때도 있지만, 우리는 가능한 한 자주 아이와 함께 즐거운 순간을 보내기도 해야 합니다. 아래에는 이번 장에서 추가로 소개한 전략들을 바탕으로 새로운 삶의 방식에 익숙해질 수 있게 도와줄 부드러운 지도법을 실었습니다. 특히 2장을 다시 보시면 더 자세한 내용을 확인할 수 있어 유용할 것입니다.

- 규칙이 아닌 일과를 생활 방식에 적용하세요.
- 정서적으로 교감하고 안녕감을 돌보는 시간을 일과에 포함하세요.
- 점진적 발전을 자주, 또 앞으로도 항상 알아보고 기뻐하세요.
- 하루하루가 새로운 시작입니다. '탓할 것도 부끄러워할 것도 없다'라는 말을 만트라로 삼으세요.
- 마지막으로 포드 자동차의 창립자인 헨리 포드가 말했듯 "잘못이 아닌 해결책을 찾으세요". 행동 지원이 장기적으로 성공하려면 아이의 행동 이면의 이유를 이해하려 노력하고 대응보다 예방에 힘써야 합니다.

존중을 기반으로 하는
행동 지원의 10가지 원칙

1. 행동은 소통의 수단입니다.

2. 아이는 저마다 다른 속도로 발전합니다.

3. 완벽이 아닌 발전이 있을 뿐입니다.

4. 어떤 날은 다른 날보다 힘들게 느껴지기 마련입니다.

5. 자신을 돌보는 일이 우선순위가 되어야 합니다. 그래야 아이에
   게도 도움을 줄 수 있습니다.

6. 감정은 나의 현재 상태를 알려주는 지표입니다. 내가 느끼는 감
   정에는 문제가 없습니다.

7. 행동은 선형적으로 발전하지 않고 전진과 후퇴를 반복합니다.

8. 일이 계획대로 풀리지 않는다고 해서 자책하지 말고, 모든 작은 성공을 축하하세요.

9. 작은 것부터 시작한다면 오늘 당장 긍정적 변화를 실천할 수 있습니다.

10. 부드러운 지도법은 시간이 지나면서 존재 방식이 될 것입니다.

10장

행동 지원을 위한
도구와 자료

이번 장에서는 행동 지원을 강화하는 데 도움이 될 보조 도구와 자료를 소개합니다. 책 전반에 걸쳐 살펴본 핵심 개념과 전략의 상세 내용과 효과에 관한 정보도 추가로 포함하고 있습니다. 언제나 그렇듯 도구와 자료는 중복되는 내용이 있으며, 꾸준히 연습한다면 일상으로 자리 잡게 될 것입니다.

아이뿐만 아니라 나의 성향과 요구, 현재 상황에 따라 부드러운 지도 전략 중 적절한 것을 골라 시도해볼 수 있습니다. 전략이 효과가 없다고 생각되더라도 자신을 탓하거나 부끄러워하지 마세요. 행동 지원은 마음가짐이 우선이라는 사실을 가볍게 상기하고, 안녕감을

Part3 아이의 행동 지원을 강화하는 행동 전략들

돌보는 일이 습관이 되고 일상생활에서 꼭 필요한 부분이 될 때까지 계속 반복하시기를 바랍니다.

정서적 안전감을 높이는 지원 도구

부모님들이나 선생님들, 아이의 인생에서 조력자 역할을 하시는 분들이 행동 지원을 어디서부터 시작해야 하는지, 어떻게 하면 더 집중할 수 있는지 걱정하며 물어오실 때가 많습니다. 제가 정서적 안전감을 높이는 방법으로 항상 강조하는 네 가지 핵심 영역은 다음과 같습니다.

- 의미 있는 교감 시간 보내기
- 감정이 격해진 순간에 아이를 지원하기
- 사려 깊은 언어를 사용하기
- 일상에서 작은 변화를 실천하기

교감하기

날마다 짬을 내서 아이와 정서적으로 교감하는 시간을 보내면 아이가 자신이 중요하고 가치 있다고 느끼는 데 도움이 됩니다. 4장에서 살펴봤듯 아이의 나이와 관계없이 하루에 최소한 10분 동안 아이에게 온전히 집중하는 시간을 보내는 것이 가장 이상적입니다. 다만 어떤 형태의 정서적 교감 시간도 협상 카드나 처벌 수단으로 쓰여서는 안 되며, 아이가 바람직하지 않은 행동을 보였다고 해도 이 시간은 매일 지켜져야 한다는 점을 꼭 유의하세요. 이번에는 정서적 교감 전략들을 추가로 살펴보겠습니다.

말과 그림으로 교감하기

아이의 도시락 가방 속이나 책상 위에 재밌는 그림 또는 격려나 칭찬의 메시지가 담긴 포스트잇을 붙여두세요. 이렇게 하면 당신이 곁에 없을 때도 정서적 연결감이 '활발히' 유지될 수 있으며 아이가 집 밖의 환경에 적응하도록 도울 수 있습니다.

아이가 나이가 더 있어서 휴대폰을 쓰고 있다면 아이에 관한 긍정적인 내용의 문자 메시지를 보내주세요(사소하더라도 강조할 만한 것을 찾아보세요. 우리가 추구하는 것은 완벽이 아니라 발전이라는 점을 기억하세요). 이를테면 '정말 대견해', '책임감 있는 모습을 보여주고 있구나', '무슨 일이 있어도 널 사랑해' 같은 말이 있을 것입니다. 이런 말은 아이에게 직접적인 정서적 연결감을 느끼게 해주며 당신이 자신에 관해 하는 말들 간의 균형을 맞추는 데 도움을 줍니다. 발전이 필요한 영역에 관해서 이야기를 나눌 필요도 물론 있겠지만, 긍정적인 연결감

Part3 아이의 행동 지원을 강화하는 행동 전략들

은 아이가 감정 저울의 균형을 유지할 수 있게 해줍니다.

가까운 거리에서 정서적으로 교감하기

이 방법은 아이들과 연결감을 쌓거나 키우려는 선생님들께 유용합니다. 수업 중에 과제를 내줄 때는 먼저 아이들의 어깨를 토닥이며 격려해주세요(불편해하지 않는다면 말이지요). 그런 다음 이제 교탁 위에 있는 모래시계를 뒤집을 것이고 시간이 다 되면 어떻게 하고 있는지(과제를 다 했는지가 아니라 괜찮은지) 확인하러 다시 올 것이라고 설명한 뒤 웃어주세요(아이들이 마주 웃어주지 않더라도요!).

부모님들의 경우 (자녀의 나이와 관계없이) 집 안에서 아이와 다른 공간에 있었다면 가끔 곁에 다가가 아이가 불편해하지 않는 선에서 뽀뽀를 해주거나 "괜찮니?", "뭐 필요한 거 없니?"라고 물어봐주세요. 그러면 아이는 당신이 바로 옆에 있지 않을 때도 자기를 늘 생각하고 있다는 사실을 알고 일관된 정서적 연결감을 내면화하게 됩니다.

멈추고 경청하기

아이가 말을 걸어올 때 최소한 하루에 한 번은 하던 일을 멈추고 아이에게 오롯이 집중하며 경청해주세요. 중간에 끼어들지 말고 아이가 하려는 말이 무엇인지 아이의 관점에서 바라보고 이해하려 해보세요. 아이가 앉아 있다면 따라 앉으며 눈높이를 맞추고 아이의 눈

10장 행동 지원을 위한 도구와 자료

을 바라봐주세요(눈맞춤을 불편해하거나 자연스럽게 하지 못하는 아이도 있으니 무리하게 요구하지는 마세요). 아이의 기질과 요구를 가장 잘 아는 사람은 당신입니다. 아이는 정서적으로 공감해줄 수 있는 어른이 필요하므로 최소한 하루에 한 번 아이에게 온전히 집중하는 연습을 하며 아이가 감정 저울의 균형을 맞출 수 있게 도와주세요.

격앙된 순간에 아이 곁에 있어주기

가장 효과적인 행동 지원은 언제나 예방적 지원이며, 미리 준비하는 것이야말로 가장 의미 있고 지속 가능한 장기적 접근법입니다. 하지만 행동 지원의 큰 그림 측면에서 아무리 많이 발전했다고 해도 일상에 불쑥 나타나 인내심을 시험하는 작은 문제들은 늘 있을 것입니다. 아이가 감정에 휩싸여서 흥분해 있을 때 어떻게 대응하면 좋을지, 그 순간에 아이를 어떻게 지원할 수 있을지 다시 한번 짚어보겠습니다.

봐주고 들어주며 안전감 주기

차가 사이드 브레이크가 풀린 채로 가파른 언덕을 굴러 내려가고 있다고 상상해보세요. 당신이 그 차에 타고 있다면 굳이 그때 운전자에게 "사이드 브레이크는 왜 내렸어? 위험할 수도 있다는 생각을 진작에 했었어야지. 다음에는 어떻게 다르게 행동할 수 있을까?"라고 묻지 않을 것입니다. 차에 가속도가 붙고 있을 때는 차를 제어해서 언덕 아래까지 안전히 내려가는 것이 우선입니다! 행동 지원도 마찬가지입니다. 감정이 격앙되고 있을 때는 정서적 안정감, 그리고 때로는 신체적 안전이 우선순위가 되어야 합니다.

감정 인정해주기

아이가 성질을 부리고 있을 때는 감정을 인정해주는 것이 가장 효과적인 소통 방법일 수 있습니다. 아이가 한 말을 들어주고 되풀이해 말해주는 것만으로도 당신이 곁에 있으며 언제든 도움을 주려 한다는 것을 보여줄 수 있습니다. 좌절감이나 분노를 표출할 수 있게 해주면 아이는 (당연히 느낄 수 있는) 감정을 처리하고 앞으로 나아가는 데 필요한 해방감을 즉시 얻을 수 있습니다. 아이의 감정을 알아주는 말을 건넨다고 해서 아이에게 동의한다거나 결과가 달라진다는 것을 의미하지는 않습니다(아이스크림을 사달라는 말에 "안 돼"라고 했다면 여전히 못 먹게 해야겠지요). 이는 아이의 관점을 이해한다는 메시지를 전달하며 아이를 안심시킬 뿐입니다.

한계와 기대

사전에 동의한 한계와 기대가 있어서 앞으로 무슨 일이 일어날지 알면 아이가 감정이 격해진 순간에 안정을 찾는 데 도움이 됩니다. 우선 아이의 감정을 인정해준 뒤 한계와 기대를 상기시켜주세요. 이

10장 행동 지원을 위한 도구와 자료

를테면 이렇게 말해주는 것입니다. "이러저러해서 정말 답답한 마음인 것 같구나. 하지만 전에 이야기한 대로 휴대폰/태블릿은 내일 돌려받을 수 있어."

중요한 것은 아이가 성질을 부릴 때 기대를 일관되게 유지하는 것입니다. 사람은 감정을 떠나 생각하기가 어려우므로, 아이가 흥분한 상태에서 나의 기분을 좋게 해줄 말이나 행동을 할(이를테면 사과하거나 행동을 바로 멈출) 가능성은 매우 낮습니다. 아이에게 기대되는 행동을 반복해서 말해주고 사전에 동의한 한계를 다시 확인하며 이루려는 목표에 계속 집중하세요. 그러면 아이는 서서히 흥분을 가라앉힐 것이며, 아이의 반응에 주의를 빼앗겨 진이 빠지고 행동 지원에 실패했다는 느낌을 받을 일도 없을 것입니다.

평정심 유지하기

아이가 따라 했으면 하는 대로 본을 보이세요. 아이가 난리를 피우는 시점에 이르렀다면, 감당하기 벅찬 큰 감정을 다스릴 수 있게 도와달라고 무의식적으로 요청하는 것입니다. 아이에게는 안심이 되는 목소리와 침착한 표정과 몸짓으로 한결같이 곁을 지켜줄 당신이 필요합니다. 아이가 발끈하는 것은 나를 조종하려거나 일부러 짜증 나게 하려는 것이 아니며 아이도 이런 상황을 좋아하지 않기는 마찬가지라는 점을 기억하세요. 도중에는 도무지 끝이 보이지 않을 수 있지만 이런 상황도 언젠가는 끝이 나며, 아이는 결국 흥분을 가라앉힐 것입니다. 자기 돌봄(155쪽)을 계속해서 실천하는 것은 이런 상황에서 평정심을 유지하는 아주 좋은 방법 중 하나입니다.

사려 깊은 언어로 지원하기

우리가 하는 말은 대단히 중요하며 오래도록 잊히지 않는 강력한 각인을 남깁니다. 말소리에는 진동 에너지가 있어서 진동수를 통해 힘을 갖게 되기 때문입니다. 아기에게 "요즘 잠이 부족해서 너무 힘들다"라고 말하면 아기는 그 말이 무슨 뜻인지 몰라도 말소리의 진동을 느끼고 엄마나 아빠가 피곤하고 기분이 좋지 않다는 사실을 알 수 있습니다! 기분 좋은 칭찬이나 부정적인 의견은 기억에 오래 남을 수 있으며, 그 말을 떠올리면 시간이 많이 지났어도 당시와 비슷한 정서적 반응이 일어날 수 있습니다. 반대로 과거에 누군가에게 후회되는 말을 한 적이 있다면 탓할 것도 부끄러워할 것도 없다는 말을 기억하세요. 나를 탓하고 부끄러워하면 관점과 생각, 감정, 행동 패턴에 부정적인 영향만 생길 것입니다. 자신과 타인을 위해 할 수 있는 최선의 일은 왜 그런 말을 했는지(당시 기분이 좋지 않았기 때문일 가능성이 압도적으로 높습니다) 이해해보려고 하는 것입니다. 우리는 언제나 방향을 바꿔 다르게 행동할 수 있습니다. 이것은 아이에게도 좋은 본보기가 됩니다. 실수해도 괜찮습니다. 다시 한번 말하지만 완벽이 아닌

10장 행동 지원을 위한 도구와 자료

발전이 있을 뿐이라는 사실을 몸소 보여주는 것이지요.

우리가 선택하는 말이 경험과 관점에 이렇게 큰 영향을 미친다는 점을 고려한다면 언어를 더 사려 깊게 쓰는 연습을 해야 하며, 무엇보다 내 말에 숨은 의도가 있지는 않은지 인지하고 있어야 합니다. 누군가 당신에게 정말 잘됐다고 말해주는데 행동이 말과 전혀 맞지 않았던 적이 있나요? 앞에서 봤듯 아이들은 이런 모순을 귀신같이 알아챕니다! 아이들은 우리가 하는 말보다 행동을 보고 더 많이 배우며, 대개는 우리보다 에너지에 민감합니다. 즉 주변 분위기를 더 잘 읽어낸다는 것이지요. 우리가 날마다 잠재의식적으로 하는 말을 알아차리면 큰 깨달음을 얻을 수 있으므로 시간 여유를 가지고 더 의식적으로 자각하기 시작해보세요. 늘 말씀드리듯 마음가짐과 안녕감을 유지하며 언어가 행동에 얼마나 긍정적인 영향을 미칠 수 있는지 지켜보시기를 바랍니다.

'제발' 대신 '고마워'라고 말하기

우리는 아이에게 무엇을 하거나 하지 말라고 할 때 "칼리, 그것 좀 제발 그만해" 또는 "칼리, 이제 아이패드 좀 제발 꺼줄래?"라는 식의 말을 자주 합니다. '제발'이 들어간 부탁의 말을 들으면 아이의 뇌는 잠재의식적으로 '흠… 이걸 해, 말아?'라는 질문을 던집니다. 반면 '고마워'라는 말은 그 행동을 해주리라는 기대로 받아들입니다. 그러니 앞으로는 "칼리, 그것 좀 그만해. 고마워" 또는 "칼리, 이제 아이패드를 끄렴. 고마워"라고 말해주세요. 정말 빠르고 쉽고 효과적이며 재밌는 전략이 아닌가요? 연습하다 보면 "칼리, 이제 아이패드 좀 꺼라, 제발. 아, 그게 아니라 고마워!"라고 말이 헛나갈 때도 있을 것입니다. 이럴 때는 탓하거나 부끄러워하는 대신 그냥 웃어넘기고 습관이 될 때까지 계속 연습해보세요.

선택의 언어

책 전반부에서 아이에게 선택권을 주는 것이 왜 그렇게 중요한지 살펴봤습니다. 적절한 선택권을 꾸준히 주면 아이는 나이와 관계없이 어른의 지원을 받으며 제 삶을 스스로 통제하는 연습을 할 기회를 얻습니다. 애초에 아이가 바람직하지 않은 행동을 하는 주된 이유가 통제감을 통해 안전감을 느끼려는 것인데, 더 이상 그럴 필요가 없어지는 것이지요. 일상적인 내용부터 시작한다면 이 전략을 생활 속에서 쉽게 실천할 수 있을 것입니다. 이를테면 "흰색 티셔츠를 입을래, 보라색 티셔츠를 입을래?", "체리 요거트를 먹을래, 바나나 요거트를 먹을래?", "지금 30분 동안 숙제를 할래, 지금 15분 하고 한 시간 뒤에 15분을 마저 할래?"라고 선택지를 주는 것입니다. 아이가 고르는 선택지는 모두 당신이 받아들일 수 있는 내용으로 정하세요. 선택의 언어를 사용할 때는 두 개의 선택지를 주는 것이 좋으며, 두 선택

10장 행동 지원을 위한 도구와 자료

지 모두 아이가 성장하고 발전할 수 있게 지원하는 내용이어야 합니다. 예를 들어 "지금 엑스박스를 하고 나중에 숙제할래, 지금 숙제하고 나중에 엑스박스를 할래?" 같은 선택지를 줘서는 안 됩니다. 아이가 첫 번째 선택지를 고르면 나중에 숙제를 아예 하지 않을 가능성이 높기 때문입니다. 선택지를 정할 때는 '아이가 이걸 고르면 어떤 기분이 들까?'를 생각해보면 됩니다. 걱정되거나 겁이 난다면 그 선택지는 주지 마세요!

모든 요청에는 숨은 이유가 있다

우리는 아무 생각 없이 늘 하던 대로 아이에게 무엇을 하거나 하지 말라고 할 때가 참 많습니다. 아이가 "왜요?"라고 물으면 "내가 그렇게 말했으니까", "말대꾸하지 마" 같은 말로 대답할지도 모르지요. 행동 지원의 여정을 최대한 잘 준비하려면 '내가 왜 이걸 아이에게 시켰을까?'라고 자문해볼 필요가 있습니다. 어쩌면 어린 시절 부모님에게 같은 지시를 받았기 때문에 잠재의식적으로 그 언어를 답습한 경우가 대부분이라는 사실에 놀라게 될지도 모릅니다. 아니면 그저 그 편이 나에게 당장 더 편리하기 때문일지도 모르지요. 저는 교직 생활을 처음 시작했을 때 교실에서 정숙을 자주 요청했습니다. 돌이켜보면 저는 아이들이 모두 조용히 있을 때 통제감을 느꼈습니다. 잠재의식적으로 소음과 혼란을 연결해 인식했기 때문에 주변이 조용하면 질서 있고 차분한 느낌을 받았던 것이지요. 저는 제 통제 욕구가 통제할 수 없다고 느껴지는 상황을 두려워하는 마음에서 비롯됐다는 것을 곧 깨달았습니다. 이 문제를 극복하고 나니 수업 분위기가 극적으로 달라졌고, 제가 지도하는 아이들도 저도 힘을 얻으며 성장할 수 있었습니다. 그러니 아이에게 무언가를 요청할 때면 이유를 곰곰이 생각해보세요. 그리고 마음을 바꿔도 괜찮습니다! 오랫동안 한 가지 방식으로 무언가를 해왔다고 해도 원한다면 오늘부터 바꿀 수 있는 자유가 있으니까요.

원하지 않는 것이 아닌 원하는 것에 집중하기

아이가 그만했으면 하는 행동 대신 보고 싶은 행동을 일관되게 강조해서 아이가 그 행동에 초점을 맞출 수 있게 하세요. 이를테면 "뛰지 마" 대신 "걸어 다녀줄래? 고마워", "소리 지르지 마" 대신 "더 차분한 목소리로 말해줄래?"라고 말하는 것이지요(이런 말을 할 때는 나부터 목소리가 차분해야 합니다). 분명 여러 번 반복해야 하겠지만, 시간이 지날수록 바람직하지 않은 행동이 바람직한 행동으로 변화하는 속도가 빨라질 테니 아이가 조금씩 발전하는 모습에 주목해보세요. 아이가 하지 않았으면 하는 행동을 말하면("뛰지 마") 아이는 오히려 그 행동을 반복할 수 있으며, 이 패턴이 뇌를 지배하면 자신과 행동을 연관지어 생각하기 시작하며 자기는 원래 그런 사람이라고 믿게 될 수 있

10장 행동 지원을 위한 도구와 자료

습니다. 이를테면 '나는 맨날 소리를 지르는 아이야', '나는 늘 말썽을 일으키는 아이야'라고 말이지요. 모든 전략이 그렇듯 탓하지도 부끄러워하지도 말고 시간을 들여 연습하시기를 바랍니다.

주변에 있는 아이 칭찬하기

이것은 바람직한 행동을 보이는 다른 아이에게 관심을 기울이며 간접적으로 가르침을 주는 전략입니다. 이 전략은 제한적으로 사용해야 하며 부드럽고 섬세하게 실행해야 합니다. 그러려면 먼저 정서적 교감 시간(273쪽)을 일상에서 꾸준히 실천하고 있어야 합니다. 이 전략의 목적은 아이를 어떤 식으로든 부족하다고 느끼게 만드는 것이 아니라 더 바람직한 행동으로 이끄는 것이기 때문입니다. 그러니 평소에 정서적 교감 시간을 잘 보내고 있고 나의 의도가 아이를 부드럽게 격려하는 것이라면, 나 스스로 정서적으로 균형이 잡힌 느낌이 들 때 주변에 있는 다른 아이에게 "선생님이 부탁했을 때 말을 멈춰줘서 고마워. 교실을 나갈 준비가 됐다는 걸 보여주는구나" 또는 "통화할 때 방해하지 않아줘서 고마워. 정말 인내심이 강하구나"와 같이 말해주세요. 그런 다음 아이가 더 바람직한 행동으로 돌아가는 모습을 보이면 바로 같은 방식으로 칭찬해주세요. 처음에는 그 시간이 아주 짧을지라도 말이에요!

'이제'와 '다음'

어른과 아이의 뇌는 신경 회로가 다르게 배선되어 있고, 뇌의 구성은 화학적 균형이나 과거 경험, 트라우마 등에 따라서도 사람마다 차이가 있습니다. 저는 학교에서 담임으로 일하던 시절, 다음 학교 휴일까지 몇 주 며칠이 남았는지, 어느 중간 방학half term(학기 중의 짧은 방학)이 가장 길거나 짧은지, 방학 기간이 몇 주나 차이 나는지를 학사연도 중에 언제든 말할 수 있었습니다! 제 일에 애정이 있었지만, 머릿속으로 한 해를 나누는 것은 부모이자 교사로서 삶을 살아내기 위한 저만의 대처 기제였습니다. 아이들은 대개 하루를 아주 길게 뻗은 길로 인식합니다. 어떤 아이들은 하루를 무사히 보내기 위해 대처 기제를 사용합니다. 나이가 아주 어리거나 나이가 있어도 (바람직하지 않은 행동으로 나타나는) 감정에 자주 압도되는 아이들에게 일상생활은 너무 벅찰 수 있으며, 불안과 압도감을 낮춰보려는 통제 욕구가 생기는 경향이 있습니다. 이 점을 뜻밖의 상황에서 깨달은 적이 있으실지도 모릅니다. 이를테면 아이가 친구와 함께 놀 수 있는 자리를 마련해주면 둘 다 좋아할 거라고 생각했는데 그렇지 않았을 때처럼 말입니다. 나의 관점에서 친구와 함께 놀 기회는 신나고 즐거운 것이지만, 아이의 관점에서는 (정서적 의미에서) 현재 상태에서 친구와 놀 수 있는 상태로 어떻게 옮겨가야 할지 몰라서 신경이 곤두서고 버거울 수 있습니다. 그날 저녁에 참석해야 하는 행사 생각 때문에 낮부터

10장 행동 지원을 위한 도구와 자료

마음이 초조했던 경험이 있다면 공감하실 수 있을 것입니다. 막상 가보면 괜찮을 수도 있지만, 준비하는 시간은 불안하게 느껴질 수 있습니다.

아이에게 차분하고 질서정연한 분위기를 조성하는 데 도움이 되는 한 가지 방법은 하루를 필요에 따라 '이제'와 '다음'으로 나누는 것입니다. 이를테면 "우리는 '이제' 아침을 먹고 '다음'에는 옷을 입을 거야", "'이제' 가게에 들러서 디저트를 사고 '다음'에는 시메온네 집에 갈 거야"라고 말해주는 것이지요. 하루를 이렇게 나누면 아이가 그날 하루를 정서적으로 잘 보내는 데 도움이 될 수 있습니다. 이 언어적 전략을 실행할 때는 '이제'와 '다음'을 보여주는 시각 자료, 이를테면 작은 화이트보드나 하루를 각각의 활동으로 나눠놓은 그림 시간표가 있으면 더욱 좋습니다.

피드백 요청하기

언어란 서로 주고받는 것입니다. 내가 어떤 언어를 어떻게 쓰는지에 유의하면 아이를 부드럽게 지도하고 지원하는 데 도움이 됩니다. 한 단계 더 나아가 아이에게 피드백을 요청한다면 아이를 더 깊이 이해할 수 있어서 아이를 더 잘 지원하는 방법을 알아내는 데 도움을 받을 수 있을 것입니다. 이 전략을 시도하려면 아이의 말에 정말로 귀 기울일 준비가 되어 있어야 합니다.

Part3 아이의 행동 지원을 강화하는 행동 전략들

적극적으로 경청하는 것과 대답하기 위해 듣는 것에는 차이가 있습니다. 적극적으로 경청할 때 우리는 상대방이 하는 말을 평가하거나 판단하지 않고 들으려 하지요. 적극적 경청은 대개 연습이 필요한 중요한 기술이니, 다른 어른과 대화할 때 먼저 시도해보시기를 바랍니다. 처음엔 예상했던 것보다 어렵다는 생각에 놀라실지도 모릅니다! 우리는 신념에서 비롯된 인식에 잠재의식적으로 영향을 받기 때문에 대답하기 위해 듣는 경우가 많습니다. '상대방'의 견해를 그대로 받아들이기보다 내가 무슨 대답을 하고 싶은지, 어떤 의견이나 주장을 이해시키고 싶은지 생각하며 듣습니다. 하지만 사람의 생각에는 옳고 그른 것도 없고, 탓할 것도 부끄러워할 것도 없습니다. 그저 관점이 다른 것일 뿐입니다. 이 전략이 효과가 있으려면, 아이가 하는 말에 정말로 귀 기울이려면 다른 의도 없이 아이의 관점을 받아들여야 할 것입니다. 그런 다음 나중에 아이가 무슨 말을 했는지, 그 말에 따라 행동할 것인지를 아이를 존중하는 관점에서 고려해보세요. 실제로는 아이의 나이와 관계 없이 이렇게 말해볼 수 있을 것입니다. "내가 바꾸거나 다르게 해줬으면 하는 게 있니?", "내가 어떤 걸 해주면 기분이 좋니/좋아질 수 있겠니?", "내가 네 말에 귀 기울이고 있다고 느끼니?"

그런 다음에는 지키지 못할 약속은 하지 말고, 대답해줘서 고맙다고 하고 네 의견을 존중하니 네가 한 말을 생각해보겠다고 말해주세

　　　10장 행동 지원을 위한 도구와 자료

요. 이때 아이가 내놓은 의견을 깎아내리지 않는 것이 매우 중요합니다. 예를 들어 아이가 귀 기울여 들어준다는 느낌을 못 받는다고 대답했다면 "내가 얼마나 잘 들어주는데!", "그렇게 말하면 억울하지!"라고 반응해서는 안 됩니다. 대신 솔직하게 말해줘서 고맙다고 부드럽게 말한 뒤 아이가 제 말을 들어준다고 느끼는 것이 얼마나 중요한지 되풀이해서 말해주세요. "왜 그렇게 느끼는지 말해줄 수 있어?", "어떻게 하면 귀 기울여 들어준다는 느낌을 받을 수 있을까?"라는 질문이 대답을 끌어내지 못한다면 더 이상 강요하지 마세요. 이 책에 나온 지도법 자체만으로 아이는 정서적 안전감을 점차 더 느낄 수 있게 될 테니 안심하시기를 바랍니다.

일상생활

행동 지원 전략이 가정과 학교에서 보내는 일상에 점차 깊숙이 자리잡아서 행동을 그만두게 하거나 고치려고 전략을 찾는 일이 없어지면 가장 좋을 것입니다. 전략이 존재 방식이 된다면 말입니다. 그러면 나중에는 전략이 일이라기보다 행동 지원의 여정을 더 즐겁게 해주며 힘을 주는 방법으로 느껴지게 될 것입니다. 아래 전략을 매일 실천한다면 아이들이 성장하는 데 도움이 되는 지속적이고 섬세한 지원을 제공할 수 있을 것입니다.

사회 상황 이야기Social stories

아이가 공원에서 나올 때나(7장의 사례를 참고하세요) 학교 운동회, 취침 시간과 같은 상황을 계속 힘들어한다면 이런 상황을 미리 가정해서 함께 연습해보세요. 어린아이의 경우 이야기로 들려주거나 역할극을 여러 번 반복해보면 좋습니다. 선택의 언어를 사용하고 기대와 한계를 명확하고 일관되게 알려주세요. 그러면 안전한 선택권을 주어 의사결정에 참여하게 도우면서 아이를 부드럽게 지도할 수 있을 것입니다. 나이가 더 있는 아이의 경우 아이의 기분이 좋을 때 대화를 나누고 사전에 계획한 내용을 지키지 않으면 어떤 결과(또는 대가)가 따르는지 부드럽게 이야기해보면 좋습니다. 이 전략이 성공하려면 아이가 조금씩 발전하는 모습을 알아보고 칭찬해주는 것이 무엇보다 중요합니다.

일과

일과는 아이에게 정서적 확신을 줍니다. 앞으로 어떤 일이 일어날지, 다음에 무엇을 해야 하는지 알면 정서적으로 안심이 되기 때문입니다. 아이가 조작할 수 있는 시각 자료(코팅한 일간, 주간 시간표나 달력, '이제'와 '다음' 보드 등 아이가 자기 이름을 적을 수 있고 원하면 방에 걸어놓을 수 있는 자료)를 활용하면 자립심과 책임감도 길러줄 수 있어 도움이 됩니다. 일과를 관리하는 사람은 궁극적으로 당신이지만, 일과를 짜

10장 행동 지원을 위한 도구와 자료

는 일에 아이를 참여시키면 아이에게 주인의식을 심어줄 수 있습니다. 아이의 나이나 요구에 따라서는 시각 자료를 주머니 크기로 만들어서 손쉽게 가지고 다니며 하루 종일 참고할 수 있게 해볼 수도 있습니다.

　일과를 수정하거나 조정하는 것은 괜찮으나(살다 보면 그럴 수도 있지요), 아이가 일과가 주는 정서적 확신을 내면화할 수 있게 지원하려면 가능한 한 일관성을 지켜야 합니다. 변화가 생기면 선택의 언어를 사용해서 아이가 변화에 적응할 수 있게 정서적으로 지원하고 안전한 통제권을 통해 감정의 균형을 다시 잡을 수 있게 도와주세요. 그리고 일과 중에 전환이 이루어지는 때를 특히 주의하시기를 바랍니다. 일과의 한 부분에서 다음 부분으로 넘어갈 때 아이를 어떻게 지원해주면 좋을지 생각해보세요. 예를 들어 학교에 도착해서 보내는 아침 일과가 같은 반 아이들과 운동장에 줄을 서 있다가 교실로 들어와서 읽기책을 꺼내는 것이라면, 어떤 아이들은 다음 활동이나 장소로 넘어갈 때 지원이 필요할 것입니다. 예를 들어 줄을 서는 자리에 숫자가 매겨져 있다면 도움이 될 수도 있습니다. 사소하게 보일지 몰라도 아이의 관점에서는 정해진 자리가 있으면 끼어들 자리를 찾지 않아도 되므로 엄청난 안도감이 들고 불안이 가라앉으며, 그렇지 않았다면 바람직하지 않은 행동으로 나타났을 스트레스가 줄어들 수 있습니다.

집에서는 아이가 잠을 자러 거실에서 방으로 이동하기 전에 따뜻한 음료를 마시게 하거나 정해진 시간 동안 TV를 보게 하는 것과 같은 간단한 방법으로 도움을 줄 수 있습니다. 여기서 핵심은 일관성입니다. 아이들은 사전에 동의한 일과를 바꾸거나 고치려고 하며 한계를 시험하고 일과(또는 당신)가 얼마나 정서적으로 안전한지 확인하려고 할 때가 잦을 것입니다. 하지만 일과가 바뀌지 않으리라는 것을 깨닫고 나면 편안하게 받아들이게 될 것입니다. 늘 그렇듯 그 과정에서 아이가 조금씩 발전하는 모습을 꼭 알아보고 칭찬해주세요.

책임과 기회

아이에게 책임과 기회를 주세요. 다만 이유는 '아이가 배워야 하기 때문'이 아니라 아이가 '기분'이 좋아지기 때문이어야 합니다! 책임을 맡겼을 때 아이들이 반발하는 것은 '참여'한다기보다 '강요'당한다는 생각이 들거나, 자신이 가치 있고 존중받는다기보다 무시당한다는 느낌을 받기 때문인 경우가 많습니다. 탓할 것도 부끄러워할 것도 없습니다. 우리는 모두 현재 위치에서 최선을 다하고 있고, 우리가 아이들에게 맡기는 책임은 우리도 어렸을 때 똑같이 맡았거나 훌륭한 어른으로 성장하려면 중요한 것이라고 전해 내려온 것일 때가 많으니까요. 이것 자체는 전혀 문제가 되지 않습니다. 하지만 부드러운 지도법을 따른다면 아이가 중요하게 생각하지 않는 것을 왜 우리는 중요하다고 인식하는지 알려주어야 합니다. "숙제를 잘해야 좋은 직장에 들어가지"라고 말하는 대신 아이가 세상을 바라보는 관점에서 대화를 풀어나가며 아이가 되고 싶거나 하고 싶어 하는 것에 관해 이야기하고 아이의 현재 관심사를 언급하세요. 그런 다음 이런 대화를 나누니 어떤 기분이 드는지 물어보고, 이때까지 한 이야기와 연결해서 숙제를 하면 집중하거나 기존의 지식을 발전시키거나 새로운 지식을 배우는 데 도움이 되고, 시간 관리하는 법을 배울 수 있으며, 새로운 기술을 익히는 데도 도움이 된다고 말해주세요. 선택의 언어(281쪽)를 사용해서 아이가 해야 하는 일을 더 기분 좋게 받아들일 수 있게 지원하고 안전한 통제권을 제공하세요. 따분하고 어려워 보일 수 있는 일을 책임과 기회로 재구성하면 아이가 더 의욕적으로 협력하도록 이끌 수 있습니다.

점진적 코칭

아이에게 같은 지시를 몇 번이고 반복하다 보면 답답한 마음이 들 수 있습니다. 하지만 안녕감을 유지하면 답답한 마음이 가라앉고 이 순간을 가르치고 배울 기회로 인식할 여유가 생긴다는 것을 기억하세요. '아이가 어른이 될 때까지 매번 우리가 바라는 대로 행동할 수는 없지', '아이들은 한계를 시험하기 마련이야', '그걸 아직 배우지 못한 건 당연한 일이야!'라고 다시 한번 생각해보세요. 아이의 뇌는 발달하고 있고, 반복과 일관성은 발달하는 과정에 필요한 부분입니다. 이렇게 생각하니 마음이 한결 가볍지 않은가요? 이것은 모두가 겪는 일이며, 당신은 혼자가 아닙니다. 또한 아이에게 말로만 지시하지 말고 바라는 모습을 몸소 보여줄 필요도 있습니다. 아래 내용을 곰곰이 생각해보시기를 바랍니다.

- 답답한 마음이 들 때 어떻게 아이와 소통하고 있나요?
- 무언가를 배울 때 다른 사람이 내게 어떻게 말하고 행동해주기를 바라나요?
- 오래된 습관을 고치거나 새로운 습관을 유지하려고 할 때 성공과 실패를 얼마나 많이 반복하나요?
- 아이에게서 보고 싶은 행동을 모델링하세요.
- 아이에게 예전 습관으로 돌아가더라도 괜찮다고 말해주고, 나의 경험을 예시로 들어주세요.
- 아이에 관해 다른 사람과 어떻게 소통하고 대화하고 있는지 의식해보세요. 아이의 어떤 면에 초점을 맞추고 있나요?
- 내 모습을 관찰하고 있다면 어떤 부드러운 조언을 해주고 싶나요?

내가 원하는 위치가 아닌 나와 아이의 현재 위치에서 차근차근 나아가보세요. 이루고 싶은 목표를 세우고 목표 지점에 이를 방법을 생각해보세요. 마치 아기가 걸음마를 처음 배울 때처럼 아이가 한 걸음을 내디디면 알아보고 칭찬해주세요. 그러다 아이가 넘어지면 일어나서 다시 한 걸음, 또 한 걸음을 뗄 수 있게 도와주세요.

감정을 표현하는 다른 방법

우리는 모두 늘 행동으로 소통하고 있습니다. 감정은 움직이는 에너지이며, 앞에서 살펴봤듯 빠져나갈 곳이 없으면 쌓여서 바람직하지 않은 행동으로 나타날 수 있습니다. 바람직하지 않은 행동으로 제 감정을 말하고 있는 아이를 지원하려면 감정을 표현하는 다른 방법을 알려주어야 합니다. 아이가 좋아하는 표현 활동을 생각해보세요. 몸을 움직이는 신체 활동이라면 무엇이든 좋고, 음악도 좋은 배출구가 될 수 있습니다. 미술 공예 활동이나 글쓰기도 일상에 적용해보기 좋은 활동입니다.

숨쉬기

의식적 호흡은 신체의 이완 반응을 활성화하며 놀라울 정도로 긍정적인 영향을 미칩니다. 잠시 멈춰서 호흡에 의식을 집중하기만 해도 관점이 거의 바로 달라질 수 있으며, 이 전략을 연습할수록 더 큰 효과를 볼 수 있습니다. 다섯까지 세며 코로 숨을 들이마시고, 또 다섯까지 세며 내쉬는 동작을 세 번 반복하세요. 하루 중에 의식적 호흡이 크게 도움이 될 수 있는 때는 대표적으로 다음과 같습니다.

- 아침에 잠자리에서 일어나기 전

- 아이를 학교에서 데려오거나 아이가 집에 돌아오기 전

- 회사에서 집으로 돌아와 저녁 일과를 시작할 때(저는 저녁에 엄마를 돌봐드리기 시작하기 전 늘 숨을 들이마시고 내쉬며 마음을 안정시킵니다)

- 행동에 반응하거나 대응하기 전

- 운전 중에 뒷좌석에서 아이들이 싸울 때(아이들을 타이르기 전에 차를 안전하게 세우고 내린 뒤 잠시 호흡에 의식을 집중해보세요)

효과를 거두려면 최대한 많이 연습해야 하나, 최소한 매일 아침 기상 후에는 꼭 하시길 권하고 싶습니다. 확신이 들지 않아도 한번 시도해보세요. 밑져야 본전이니까요! 의식적 호흡을 오랫동안 실천해왔다면 장점을 더욱 잘 아시겠지만, (발전이란 앞으로 쭉 나아가는 것이 아니니) 간혹 하지 못하는 때가 생긴다면 이런 상황에서는 기분이 얼마나 다른지, 이것이 소통하거나 대응하는 방식에 어떤 영향을 주는지 살펴보세요. 꾸준히 연습했다면 아이도 그렇게 할 수 있게 지원할 수 있습니다.

실천하는 데 도움이 될 자료

책에서 다룬 일부 핵심 행동 지원 전략들에 관한 추가적인 조언과 함께 이 전략들을 실천하는 데 도움이 될 자료들을 소개합니다.

감정의 징검다리

감정의 징검다리(221쪽)는 우리가 지나오면서도 잘 깨닫지 못하는 발전의 수많은 단계(발전을 특정한 모습으로 보는 데 길들여 있어 그럴 것입니다)를 알아볼 수 있게 도와줍니다. 이렇게 생각해본 적이 없다면 발전에 관한 인식을 바꾸는 데 다소 시간이 걸릴 수는 있지만, 장담하건대 일단 인식이 바뀌고 나면 인생의 거의 모든 유형의 발전에 적용할 수 있는, 인생을 바꿀 만한 깨달음을 얻게 될 것입니다.

이 자료를 활용할 때 가장 먼저 고려해야 할 것은 감정은 좋은 것도 나쁜 것도 아니라는 점입니다. 사람들은 감정을 떠올리면 흔히 연상되는 행동(이를테면 분노를 느끼면 공격적으로 행동하는 것) 때문에 감정에 잘못된 이름표를 붙이는 경우가 종종 있습니다. 하지만 사실 감정은 나의 현재 상태나 충족되어야 할 욕구를 알려주는 지표입니다. 어떤 감정을 느껴도 괜찮습니다. 나 자신과 아이에게 "이런 감정이 들 수도 있지, 괜찮아"라고 소리 내어 말해주며 이 점을 반복해서 상기하세요.

7장에서 말씀드렸듯 오래된 행동 패턴을 내려놓기란 쉽지 않습니다. 인간의 뇌는 가장 잘 아는 것으로 지름길을 따라 되돌아가도록 설계되어 있습니다. 그것이 바람직하지 않은 행동이어도 마찬가지입니다. 잘 아는 것이니 안전하다고 안심시켜주는 원시적인 생존 프로그램이 뇌에 새겨져 있는 것입니다. 그래서 좋지 않은 기분도 익숙하다면 편안하게 느껴질 수 있습니다. 일이 어려워지는 것은 오래된 패턴으로 돌아갔다고 자신이나 타인을 탓하거나 부끄럽게 만들 때, 그리고 발전은 전진과 후퇴를 반복한다는 사실을 기억하지 못하고 노력해도 효과가 없다고 생각할 때입니다. 이런 시기에 조금씩 발전하는 모습을 알아보고 기뻐한다면 계속 나아가는 데 도움이 될 것입니다. 비약적으로 발전하는 일도 있을 수 있지만, 한 번에 한 걸음씩 나아간다면 지나온 단계를 토대로 꾸준히 발전할 수 있는 기반을 더 단단히 다질 수 있습니다.

감정의 징검다리는 가장 부정적인 감정에서 가장 긍정적인 감정으로 올라가는 과정을 보여줍니다(221쪽 그림을 참고하세요). 우리 모두 그렇듯 아이 역시 기분이 나아져야 다르게 행동할 수 있다는 점을 기억하세요. 다음 디딤돌로 발을 내딛는 것은 여정에서 중요한 발전이며, 한 걸음, 한 걸음을 그렇게 볼 수 있다면 겉으로 드러나는 행동에 변화가 없더라도 안에서는 무언가 긍정적인 일이 일어나고 있다는 것을 느낄 수 있을 것입니다.

이 자료에서 가장 중요한 것은 아래쪽 디딤돌에 오래 머물지 않도록 하는 것입니다. 이렇게 감정을 의식적으로 자각한다면 앞으로 계속 나아갈 힘이 생깁니다. 살다 보면 상황에 따라 몇 걸음씩 뒤로 (이를테면 분노로) 돌아가게 될 수도 있겠지만 안녕감을 유지해왔다면 후퇴는 잠깐일 것이며 한 걸음씩 다시 전진하게 되리라는 사실을 점차 깨달을 것입니다.

감정 온도 체크

감정 온도 체크(164쪽)는 외부로 행동이 나타날 때 내면에서 어떤 일이 일어나고 있는지 이해하는 데 도움이 됩니다. 이것은 아이들에게 매우 큰 힘이 되며, 제멋대로 나타나는 것처럼 느껴질 때가 많은 행동을 이해하고 통제할 수 있다고 느끼게 해줍니다. 감정 온도 체크의 목적은 행동이 갑자기 나타나는 것도, 자신에게 문제가 있어서 그런 것도 아니라는 점을 이해하도록 아이를 지원하는 것입니다. 감정은 타당하고 중요하며 절대 없어지지 않겠지만, 행동은 시간이 지나면 바뀔 수 있다는 것을 알려줍니다. 또한 감정 온도 체크는 감정에 여러 층위가 있다는 점을 이해할 수 있게 해줍니다. 아이들이 보통 제 감정을 묘사할 때 쓰는 표현처럼 괜찮거나 안 괜찮거나, 기쁘거나 슬프거나, 차분하거나 화가 나는 감정만 있지 않다는 점을 말이지요. 다양한 감정을 구분하고 그런 감정이 올라오는 때를 알아차릴 수 있

      Part3 아이의 행동 지원을 강화하는 행동 전략들

다면 감정을 두려워하며 묻어두거나 타인에게 투사하지 않는 법을 점차 배울 수 있습니다. 감정은 좋은 것입니다! 감정은 위험을 경고하고 살펴봐야 할 치유되지 않은 상처나 충족되지 않은 욕구가 있는지 알려줍니다. 동시에 나와 주변 사람들에게 행복감을 주며 충만한 삶을 살도록 도와줄 수 있습니다.

생각-감정-행동의 순환

2장에서 살펴봤듯 인식은 생각-감정-행동의 순환(78쪽)과 직결됩니다. 그래서 여기서는 나의 인식을 알아차리는 데 도움이 되는 자료를 소개하려 합니다(아이에게 알려주기 전에 나부터 연습해보는 것을 권합니다). 나의 잠재의식이 어떻게 프로그래밍 되어 있는지, 즉 이유나 배경을 딱히 알지 못하면서 계속 되풀이하게 되는 행동 패턴이 무엇인

10장 행동 지원을 위한 도구와 자료

지 알아보는 데 도움이 될 것입니다. 내가 왜 그렇게 행동하는지 더 의식적으로 자각하면, 생각-감정-행동의 순환을 더 잘 고치거나 바꿔볼 수 있습니다.

마음의 준비가 됐다면 연습을 해보면서 내 생각이 어디에서 비롯됐는지 생각해보세요. 이어지는 내용은 생각-감정-행동의 순환이 실제로 어떻게 작용하는지 보여주는 사례입니다.

+ 사례 연구 +

공항에서 탑승 시간을 기다리던 중에 아이 엄마가 사람들 사이를 이리저리 뛰어다니는 두 아이에게 고래고래 소리를 지르는 모습을 본 적이 있습니다. 많은 여행객이 고개를 절레절레 내저으며 곱지 않은 시선을 보냈고, 아이 엄마는 점점 더 날카로워져서 아이들을 더 큰 소리로 야단치고 있었습니다. 저는 일부러 아이 엄마 옆에 앉아(주변에 앉아 있던 사람들은 이미 대부분 다른 곳으로 자리를 피했지요!) 말을 걸었습니다. 처음에 그는 원래 이런 식으로 아이들에게 소리를 지르지 않는데 아이들이 소란을 피우며 사람들 앞에서 망신을 주는 바람에 이런 행동을 하게 됐다고 말했습니다. 그리고 이어서 아이들이 예의 바르게 행동하면 소리를 지를 필요가 없을 것이라고 말했지요. 하지만 이야기를 계속 나누다 보니 그것이 전부가 아니었습니다. 알고 보니 그는 비행기를 타는 것을 싫어하는 데다가 혼자 아이들을 데리고 비행기를 타본 적이 한 번도 없었습니다. 이런 생각이 불안과 두려움이라는 감정으로 이어져서 전날 밤을 뜬눈으로 지새운 탓에 그는 지칠 대로 지쳐 있었습니다. 피곤하고 불안하고 두려운 감정의 결과로 아이들에게 소리를 지르는 대응(행동)이 나온 것이었습니다. 모두 충분히 이해할 수 있는 일이고 탓하거나 부끄러워할 일이 아니었습니다. 생각과 감정이 행동에 어떤 영향을 미치는지 자각하고 있는 것만으로도 우리는 다른 대응을 선택할 수 있게 됩니다.

아주 간단하게 들릴지도 모르지만, 이 자료를 효과적으로 활용하는 데는 시간이 다소 걸릴 수 있습니다. 생각-감정-행동의 순환의 근본 원인을 찾으려면 내면을 더 깊이 파고들어야 하니까요. 우리가 하는 행동의 93퍼센트가 잠재의식에 따라 이루어진다는 점을 생각하면 더더욱 그렇습니다! 그러니 늘 그렇듯 시간을 들여 연습해보시기를 바랍니다. 원인이 어디에서 비롯됐는지 알게 되면 놀라실지도 모릅니다.

10장 행동 지원을 위한 도구와 자료

생각	감정	행동

점진적 발전

이 핵심 자료는 제가 (뒤에 나오는 안녕감 관리 자료와 함께) 우선순위로 늘 권하는 것입니다. 점진적 발전을 알아보고 기뻐하면 인식과 생각-감정-행동의 순환이 차례로 바뀌며 상황을 보는 관점이 바로 달라질 수 있습니다. 이전에는 절망적이라고 인식했던 상황이 발전하고 있는 모습으로 갑자기 다르게 보일 수 있습니다. 이 자료는 감정의 징검다리(221쪽) 자료와 함께 활용하면 더욱더 효과적입니다.

Part3 아이의 행동 지원을 강화하는 행동 전략들

이 자료를 안녕감 관리 자료(311쪽)와 연계해 1주나 2주, 1개월 단위로 정기적으로 꾸준히 활용해보세요. 아래는 아이가 조금씩 발전하는 모습을 알아볼 수 있는 유용한 방법입니다.

- **시간**: 학교에 데려다주고 나면 두 시간 동안 소리를 지르던 아이가 이제는 한 시간 동안만 소리를 지릅니다.
- **빈도**: 매일 한 번씩 수업 도중에 교실을 나가버리던 아이가 이제는 일주일에 세 번 정도만 그렇게 합니다.
- **과업**: 청소기를 돌리거나 그릇을 치우는 것을 항상 잊어버리던 아이가 이제는 청소기를 돌리고 그릇을 치우는 것은 잊어버립니다.

조금씩 발전하는 모습에 기뻐할 때는 '하지만'이라는 말을 쓰지 않는 것이 무엇보다 중요합니다. 예를 들어 '이제 두 시간 동안 소리를 지르지는 않으니 나아진 거긴 해. 하지만 여전히 소리를 지르잖아'라고 생각하는 것처럼 말입니다. '하지만'을 붙이면 인정의 말이 무효가 되고 칭찬의 의미가 퇴색되어 지속적인 발전의 속도를 늦출 수 있습니다. '하지만'이라는 생각은 나와 아이의 감정에 영향을 미쳐 다음에 할 행동에도 부정적인 영향을 줄 수 있습니다. 그래서 안녕감을 유지하는 일이 필수라고 하는 것입니다. 안녕감은 부정적 생각이나 행동의 순환으로 돌아가는 것을 막아줍니다.

10장 행동 지원을 위한 도구와 자료

집중할 행동	점진적 발전의 증거				안녕감 유지 여부 체크
	1주	2주	3주	4주	예/아니요

집중할 행동	점진적 발전의 증거		안녕감 유지 여부 체크
	2주	4주	예/아니요

10장 행동 지원을 위한 도구와 자료

집중할 행동	점진적 발전의 증거		안녕감 유지 여부 체크
	6주	8주	예/아니요

Part3 아이의 행동 지원을 강화하는 행동 전략들

집중할 행동	점진적 발전의 증거	안녕감 유지 여부 체크	점진적 발전의 증거	안녕감 유지 여부 체크
	1개월	예/아니요	2개월	예/아니요

10장 행동 지원을 위한 도구와 자료

집중할 행동	점진적 발전의 증거	안녕감 유지 여부 체크	점진적 발전의 증거	안녕감 유지 여부 체크
	3개월	예/아니요	4개월	예/아니요

Part3 아이의 행동 지원을 강화하는 행동 전략들

당신의 감정은 얼마나 차 있나요?

4장에서 살펴봤듯 감정이 가득 차 있으면(158쪽) 아이에게 효과적인 지원을 제공할 수 있는 여유가 줄어듭니다. 내가 고갈되어 있는데 어떻게 다른 사람을 돌볼 수 있을까요? 나를 돌보는 것은 과부하가 걸리지 않게 해주는 해독제이며, 아래 자료를 활용하면 나의 감정이 얼마나 차 있는지 점검하는 데 도움이 될 것입니다.

자기 돌봄을 꾸준히 실천하기 전에 지금 감정이 얼마나 차 있다고 생각하는지 아래 컵 그림에 선을 그어 표시해보세요. 그런 다음 하루하루 변화를 기록해보세요. 감정을 차오르게 하는 난관에 부딪혔다면 마찬가지로 기록하고 안녕감을 돌보는 연습을 계속하세요. 이렇게 하는 목적은 평소에 감정의 수위를 대체로 더 낮게 유지해서 큰일이 생겼을 때 감정이 차오르더라도 넘치지는 않게 하는 것입니다.

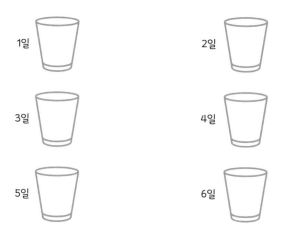

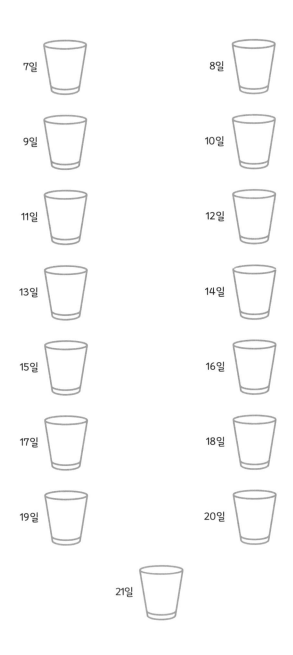

7일　　　8일

9일　　　10일

11일　　　12일

13일　　　14일

15일　　　16일

17일　　　18일

19일　　　20일

21일

Part3 아이의 행동 지원을 강화하는 행동 전략들

| 1개월 | 2개월 | 3개월 |

안녕감 관리(153쪽)

안녕감을 유지하는 것의 이점은 내 인생은 물론 주변 사람 모두에게 분명히 도움이 된다는 것입니다. 기분이 좋으면 같은 사람이나 환경, 상황을 보고도 조금은 다르게 (또는 굉장히 다르게) 인식할 수 있습니다. 마찬가지로 아이들은 욱하는 어른보다 차분하고 안정된 어른의 말을 훨씬 잘 받아들입니다(탓할 것도 부끄러워할 것도 없습니다).

오늘부터 나 자신을 우선순위에 놓는 연습을 작은 것부터라도 시작하고, 뒤에 나오는 표를 활용해 진행 상황을 추적하고 점검해보세요. 자기 돌봄이 양치질처럼 몸에 배고 결국 일과로 자리 잡으려면 꾸준히 실천하는 것이 매우 중요합니다. 그리고 안녕감이 뒷받침되어야 행동 지원의 가장 중요한 측면인 마음가짐을 바로 세울 수 있습니다.

기분이 좋아지는 활동이라면 무엇이든 골라 꾸준히 실천해보세요. 여기 몇 가지 아이디어가 있으니 참고하시기를 바랍니다.

• 매일 아침 (5분만이라도) 혼자만의 시간을 내어 따뜻한 음료를 한 모금씩 음미

10장 행동 지원을 위한 도구와 자료

하며 마셔보세요.

- (선호도나 그날 여건에 따라) 동네를 천천히 또는 빠르게 산책해보세요.

- 나를 위해 목욕하는 날을 따로 잡아두고, 가능하다면 가장 좋아하는 목욕 용
  품도 마음껏 써보세요.

- 반려동물과 시간을 보내세요. 동물을 좋아한다면 반려동물을 쓰다듬으면서
  마음이 무척 편안해질 수 있습니다.

- 책을 (전자책보다는 종이책으로) 읽어보세요. 책을 읽는 시간은 진정한 나만의 시
  간처럼 느껴질 수 있습니다.

- 평소에 드라이브를 좋아한다면 드라이브를 나가세요.

- 평소 즐겨 듣는 음악을 듣거나, 새로운 음악이나 팟캐스트를 찾아 들어보
  세요.

- 친구와 통화를 하거나 오랫동안 연락하려고 했던 사람과 약속을 잡아 만나
  보세요.

- 좋아하는 음식이나 음료를 많이 사두세요.

- 엔도르핀이 나오도록 운동을 해보세요. 그동안 운동과 담을 쌓고 살았다면
  재밌게 할 수 있는 활동을 찾아보세요(장담하건대 분명히 있을 것입니다).

- 다른 사람을 위해 무언가를 해보세요.

- 누군가에게 칭찬을 건네보세요.

안녕감 연습	어떤 기분이 드나요?		
	1일	1주	1개월

정서적 교감

이 자료는 정서적 교감 시간을 계획하고 꾸준히 실천하는 데 도움이 될 것입니다. 273쪽에서 하루에 최소한 10분을 방해받지 않고 교감 시간에 할애할 것을 권했으나, 상황에 따라서는 하루에 최소한 세 번 2분씩 아이에게 집중하는 시간을 보내는 편이 더 나을 수도 있습니다. 그렇게 많은 시간이 아닌 것처럼 들릴지 몰라도 막상 2분 동안 그 순간에 온전히 집중해보려고 하면 처음에는 길게 느껴질 수도 있습니다! 그래도 포기하지 마세요. 교감 시간은 매우 효과적일 수 있으며 나와 아이의 관계에 희망의 불빛을 비춰줄 수 있습니다.

당사자인 아이가 이 시간에 공동 소유권이 있다고 느끼게 해주세

10장 행동 지원을 위한 도구와 자료

요. 교감 시간은 편안하고 즐거워야 합니다(그동안 이렇게 해본 적이 없다면 익숙해지는 데 시간이 걸릴지도 모릅니다). 그러니 나와 아이 모두 편안하게 느끼는 활동만 함께해보시기를 바랍니다. 아래는 몇 가지 제안 사항입니다.

- 함께 음악 듣기
- 춤추기
- 놀기
- 수다 떨기
- 농담하기
- 사진 보기
- 빵이나 과자 굽기
- 운전하기
- 쇼핑하기
- 걷기
- 자전거 타러 가기
- 퍼즐을 맞추거나 비디오 게임 하기

Part3 아이의 행동 지원을 강화하는 행동 전략들

정서적 교감 시간	예	아니요
일요일		
월요일		
화요일		
수요일		
목요일		
금요일		
토요일		

마인드셋으로 아이를 존중하며
지도하는 방법

여러 글에 등장하는 성장 마인드셋과 고정 마인드셋이라는 개념을 아마 들어보셨을 것입니다. 저명한 심리학자 캐럴 드웩 박사가 만든 이 이론에 따르면 사람들은 두 부류로 나뉜다고 합니다. 고정 마인드셋을 가진 사람은 노력과 연습의 힘을 믿기보다 역량을 타고나는 것으로 여길 가능성이 높습니다. 결국 실패가 두려워 새로운 일을 시도하기를 꺼리거나, 처음에 일이 계획대로 안 풀리면 쉽게 포기할지도 모릅니다. 이 모든 생각은 핵심 신념을 형성하며, 핵심 신념은 현상을 인식하는 방식에 영향을 미칠 수 있습니다. 이런 사람은 인생이 뜻대로 되지 않으면 자신을 실패자로 여기는 자기 비판적 태도를 보입니다. 친구나 동료가 성공하면 기뻐하기보다 자기 삶을 그들의 삶과 비교하는 생각이 앞설지도 모릅니다.

반면 성장 마인드셋을 가진 사람은 새로운 도전을 시도하는 경향이 있으며, 당장 성공하지 못해도 자책하지 않고 다시 시도하며 실패를 배움의 기회로 삼습니다. 이런 사람은 쉽지 않은 목표라도 조금만 노력하면 이룰 수 있다고 믿습니다. 다른 사람의 성공에는 위협을 느끼기보다 자극을 받습니다. 말에서 떨어지면 툭툭 털고 다시 일어납니다.

제가 무슨 말씀을 드리려는지 아실 겁니다. 성장 마인드셋과 고정 마인드셋을 다룬 드웩 박사의 연구는 나이나 인생 단계와 관계없이 모든 사람에게 적용될 수 있으며, 여기에 각자의 신념과 이런 인식을 갖게 된 이유에 관한 이해가 더해지면 이것이 바로 행동 지원의 초석이라고 생각합니다. 다행인 것은 과거에 고정 마인드셋으로 기울었던 사람도 달라질 수 있다는 것입니다. 성장 마인드셋이라는 유연한 태도를 갖추면 어떤 일이 일어날지 상상되시나요? 예전에는 다른 방식으로 아이를 지원했다고 해도 새로운 방법을 시도해볼 자신감이 생길 것입니다. 새로운 도전 하나하나를 배움의 기회로 보고 받아들이는 데도 도움이 될 것입니다. 난관에 부딪혀도 다시 일어나고 실수

에필로그 마인드셋으로 아이를 존중하며 지도하는 방법

를 곱씹기보다 다음에 다른 접근 방식을 취해볼 기회를 발견하는 회복력도 자라날 것입니다.

행동 지원에서는 마인드셋, 즉 마음가짐을 바로 하는 것이 무엇보다 중요합니다. 그래서 이 책에서도 마음가짐에 중점을 두고 있습니다. 우리는 모두 현재 위치에서 최선을 다하고 있습니다. 여기에는 당신도 포함됩니다. 당신은 충분한 사람이고, 충분히 잘하고 있습니다. 이 책을 읽는 것만으로도 당신의 행동 지원은 발전하기 시작했습니다.

이제부터는 아이를 양육하는 매 순간에 나에게 선택할 힘이 있다는 점을 기억하셨으면 합니다. 마치 독자의 선택에 따라 결말이 달라지는 책을 볼 때처럼, 아이를 어떻게 부드럽게 지도할지 선택하는 일은 나에게 달려 있습니다. 처음에는 이 책임이 다소 버겁게 느껴질지도 모르나 궁극적으로는 힘이 될 것입니다. 수년 동안 특정한 방식으로 아이를 지원했다면, 방식을 바꾸거나 조정하는 선택을 할 힘이 있습니다. 평생 특정한 방식으로 현상을 인식했다면, 인식을 바꾸는 선택을 할 힘이 있습니다. 부정적인 생각-감정-행동의 순환이 생각했던 것보다도 경험을 더 많이 지배해왔다면, 새로운 순환을 만들 힘이 있습니다. 이것은 내가 돌보는 아이도 마찬가지입니다. 마음가짐을 바꾸면 아이를 존중하며 지도하는 방법을 완전히 새롭게 이해할 수 있다는 점을 기억하세요.

말로 하는 가르침에는 한계가 있습니다. 행동이 최고의 스승입니다. 이 책의 내용을 생활 속에서 조금씩 실천하며 체화하기 시작하면 아이에게 바라는 행동을 직접 보여줄 수 있게 될 것입니다. 내가 안녕감을 우선순위에 두는 모습을 보며 아이는 제 안녕감을 우선순위에 두는 법을 배울 것입니다. 내가 탓할 것도 부끄러워할 것도 없다는 만트라에 따라 사는 모습을 보며 누구도 탓하거나 부끄럽게 만들어서는 안 된다는 점을 배울 것입니다. 감정을 두려워하지 않는 법을 배울 것이며 대신 감정에 호기심을 품게 될 것입니다. 무엇보다 기쁨과 목적이 있는 삶을 위한 단단한 토대를 바탕으로 자신이 되어야 할 사람, 즉 누구도 모방할 수 없는 자아로 성장하는 법을 배울 것입니다. 다른 사람이나 물질적 부가 아닌 자신에게 의지해 내면의 충족감을 찾을 수 있다는 점을 배울 것입니다.

이 책이 자주 꺼내 드는 책이 되기를, 들여다볼 때마다 새로운 것을 얻을 수 있기를 바랍니다. 아이들이 우리에게 배울 것이 있듯 우리도 아이들에게 배울 것이 많다는 점을 잊지 마세요. 아이들은 우리처럼 되고 싶지 않다는 생각에서 자극을 받습니다. 아이들은 새로운 길을 개척하고 싶어 하고, 또 그래야만 합니다.

아이가 달라진 모습을 보고 싶다면 나부터 달라져 보세요. 당신은 할 수 있습니다!

에필로그 마인드셋으로 아이를 존중하며 지도하는 방법

단행본

아래는 제게 많은 영감을 준 저자들의 저서입니다.

- John Bowlby, *A Secure Base: Parent-Child Attachment and Healthy Human Development* (1988)
- Louise Michelle Bomber, *Inside I'm Hurting: Practical Strategies for Supporting Children with Attachment Difficulties in Schools* (2007)

- 세팔리 차바리 저·구미화 역,《깨어있는 부모-내 안의 상처를 대물림하고 싶지 않은 당신에게》(나무의마음, 2022)
- 필리파 페리 저·이준경 역,《나의 부모님이 이 책을 읽었더라면》(김영사, 2019)
- Dr Carol S. Dweck, *Mindset: Changing the Way You Think to Fulfil Your Potential* (2017)

10장에 실린 모든 자료는 www.bloomsbury.com/gentleguidanceresources에 인쇄할 수 있는 버전으로 올려놓았으니, 여유가 있을 때 활용해보시기를 바랍니다.

제 최근 활동이 궁금하거나 안내가 더 필요하시다면 www.gentlesguidance.com에 방문하거나 인스타그램에서 @marie gentlesguidance를 검색해주세요.

· 감사의 말 ·

지금의 저를 만들어주고 이 책을 쓸 지식과 지혜를 준 사람들과 경험
들에 무척 감사합니다.

　먼저, 함께할 수 있어서 영광이었던 아이들 한 명, 한 명에게 진심
을 담아 이 말을 전하고 싶습니다. 네가 선생님에게 배운 것만큼 선
생님도 네게 많이 배웠어. 네 감정은 타당하고 네 생각은 중요하단
다. 선생님은 앞으로도 어떤 일이 있든 회복력과 긍정적 태도와 사랑
을 실천하는 모습을 보여줄게.

　제가 교직에 몸담은 이래 함께 일했던 동료들에게 진심으로 감사
드리며, 특히 제가 교장이었을 때 만난 멋진 직원들에게 인사를 전하

고 싶습니다. 고단할 때도 있었지만 아이들을 지원하기 위해 기꺼이 노력을 쏟아부었던 그 시절을 생각하면 후회가 전혀 남지 않습니다. 조절 장애가 있는 아이들이 보이는 가장 심한 수준의 행동을 바탕으로 실행하고 발전시켰던 부드러운 지도 전략들은 아이들과 가족들의 삶을 정말 긍정적으로 바꿔놓았으니까요.

출판을 제안해주고 저를 믿어준 루이지에게 감사합니다. 제가 가장 좋아하는 저자의 첫 에이전트셨다는 사실을 알고 운명이라고 느꼈답니다!

블룸즈버리 출판사에 감사합니다. 이렇게 지원을 아끼지 않는 분들을 만나다니 정말 복 받은 기분입니다.

마지막으로 엄마에게 인사드리고 싶습니다. 제가 엄마와 아빠의 사랑과 가르침 덕분에 마침내 제 목소리를 낼 수 있을 만큼 용감해졌다는 것을 엄마는 영영 모르시겠지요. 조용하고 수줍음 많던 어린 여자아이가 누구도 탓하거나 부끄럽게 만들지 않으면서 사람들을 결속시키고 힘을 주고 지원하는 일을 사명으로 삼은 여성이 됐어요.

딜런, 타메라, 사랑한다.

아이의 마음을 이해하고 싶은 당신에게

초판 1쇄 발행 2024년 10월 30일

지은이 마리 젠틀스
옮긴이 방수연

발행인 정동훈
편집인 여영아
편집국장 최유성
책임편집 양정희
편집 김지용 김혜정 조은별
표지디자인 김지혜
본문디자인 홍경숙

발행처 (주)학산문화사
출판등록 1995년 7월 1일 제3-632호
주소 서울특별시 동작구 상도로 282
전화 (편집) 02-828-8834 (마케팅) 02-828-8832
인스타그램 @allez_pub

ISBN 979-11-411-4765-5 (03590)

알레는 (주)학산문화사의 단행본 브랜드입니다.